Luz Artificial y Telefonía Móvil

EDWIN HÜBNER / JENS-HAGEN KAROW

Luz Artificial y Telefonía Móvil

Efectos secundarios
desde un enfoque integral

ANTROPOSÓFICA

Título original en alemán: Kunstlicht und Mobilfunk

Hübner, Edwin / Jens -Hagen Karow.
  Luz artificial y telefonía móvil / Edwin Hübner ; Jens -Hagen Karow. - 1a ed . - Villa Adelina : Antroposófica, 2017.
  132 p. ; 22,5 x 15 cm.

  Traducción de: Margarita Schellhammer.

  1. Telefonía Celular. 2. Tecnología Electrónica. I. Karow, Jens -Hagen II. Schellhammer, Margarita, trad. III. Título.
  CDD 621.3857

© Reservados todos los derechos a favor de
   Editorial Antroposófica SA

Hecho el depósito que marca la ley 11.723

Impreso en Argentina en agosto de 2017

Editorial Antroposófica SA
Buenos Aires, Argentina

E-mail: info@editorialantroposofica.com
www.editorialantroposofica.com

Índice

Introducción 7

LA LUZ

1 ¿EN QUÉ LUZ VIVIMOS ? 15
   1.1 La luz invisible 15
   1.2 Fuentes de luz 17
   1.3 Aspecto físico de la luz 20
   1.4 El hombre como ser luminoso 21
   1.5 El hombre ingiere luz 25
   1.6 Biofotones – luz ultradébil de las células 27
   1.7 ¿Con qué luz se rodea el hombre? 29
         1.7.1 Lámparas incandescentes y halógenas 30
         1.7.2 Lámparas fluorescentes 32
         1.7.3 Lámparas de bajo consumo 33
         1.7.4 Lámparas LED 34
   1.8 La cualidad de la luz 26
   1.9. Aspectos de salud 39

2 ASPECTOS DE LA CIENCIA ESPIRITUAL 43
   2.1 El estudio de las fuerzas formativas, como método científico amplificado 43
   2.2 El efecto de diferentes medios de iluminación sobre el entorno etérico 49

TELEFONIA MOVIL

3 TELEFONÍA MÓVIL 59
   3.1 Cuestiones y riesgos de nuestra salud física 61
   3.2 ¿Qué son los campos electromagnéticos? 63
         3.2.1 El circuito oscilante – base de la telefonía móvil ... 65
         3.2.2 La antena 66
   3.3 El ser humano en el campo electromagnético 67

3.4 Cuatro generaciones de telefonía móvil en un lapso de 20 años 71
3.5 La frecuencia alta pulsante 72
    3.5.1 Ritmo vivo y pulso rígido 75
    3.5.2 Discusión por el método 76
3.6 Alertas 77
3.7 Efectos térmicos y no térmicos 82
3.8 La comunicación arriesgada 83
    3.8.1 Alteraciones en el electroencefalograma (EEG) 83
    3.8.2 La barrera hematoencefálica se vuelve permeable 84
    3.8.3 Alteraciones en la sangre 85
    3.8.4 Efectos cancerígenos 86
    3.8.5 Daños en el material genético 88
    3.8.6 ¿Qué pasa con los animales grandes? 89
3.9 ¿Qué podemos hacer en nuestras casas? 94
    3.9.1 El celular 94
    3.9.2 Sin celular, ¿pero en casa un teléfono inalámbrico? 97
    3.9.3 ¿WiFi en la casa? 99
    3.9.4 ¿Intercomunicador en el cuarto de los niños? 100
3.10 Efectos sobre las fuerzas formativas del ser humano 101
3.11 Alteraciones psico-sociales 105
    3.11.1 La cercanía distante 105
    3.11.2 ¿Qué se puede hacer? 107
3.12 Peligros político-sociales – el control total 109
3.13 Crear contrapesos niveladores 113
    3.13.1 Plasmar activamente el futuro 113
    3.13.2 ¿Qué más se puede hacer? 114
    3.13.3 El devenir de la salud – la salutogénesis 115
3.14 El hombre entre la naturaleza y la tecnología 118
3.15 Desarrollo espiritual individual como exigencia interior de la era tecnológica 121

Bibliografía 125

Direcciones de Internet 129

Acerca de los autores 131

Introducción

Iluminación y telefonía móvil: estos son dos temas que aparentemente tienen poco que ver el uno con el otro, si los observamos superficialmente. Ambos son una conquista técnica del presente, sin los que casi ya no podemos imaginarnos nuestra vida diaria.

El hombre logró imitar la luz exterior del sol con la técnica de iluminación. La luz artificial siempre está a nuestra disposición, donde sea que la necesitemos, independientemente del día o la noche. De este modo traspasamos las condiciones lumínicas dadas por la naturaleza y, sin considerarlo demasiado, hacemos de la noche el día: en ciudades, centros comerciales, oficinas, aeropuertos, estadios de fútbol, y en nuestras casas. Es como si en todas partes dejáramos brillar un sol artificial.

Cuando preguntamos por la esencia de la luz, vemos que está estrechamente relacionada con la conciencia. En muchas culturas antiguas se consideraba a la luz solar como la manifestación exterior de Dios. Se vivenciaba, que la luz visible era solamente la cara externa del espacio interno de la conciencia, donde se podía vivenciar lo divino. Necesitamos la luz para que se ilumine el espacio exterior, para poder orientarnos. De la misma manera, nuestro espacio anímico interior necesita la conciencia para poder reconocer y entender el mundo. Se ilumina nuestra cabeza cuando pensamos. El dicho popular dice: -"*se le prendió la lamparita*", o "*es una mente iluminada*".

Sin la luz no habría desarrollo de la conciencia en la tierra, ni tampoco procesos vitales, pues todos los procesos de la vida son también procesos lumínicos. Asimismo, el mito da comienzo a la creación con la palabra de Dios: "sea la luz". El fenómeno de la bioluminiscencia pudo ser demostrado científicamente: cada célula viviente emite luz, tiene un "metabolismo lumínico"* La muerte de un organismo viviente se caracteriza, entre otras cosas, porque ya no puede emitir luz. Y una vez muerto, un ser viviente ya no es portador de conciencia.

Desde el enfoque de la tecnología informática, la luz y la conciencia se manifiestan como información. También el fundamento físico del procesamiento posee una relación interna con la luz, dado que todos los soportes de datos electrónicos están construidos a partir de semiconductores, que mayormente son de silicio (un componente del cuarzo). La transmisión veloz de datos corre a través de cables de fibra óptica (fibra de vidrio), por los que se conduce impulsos luminosos a distancias muy grandes. Y el vidrio no es otra cosa que cuarzo. En la observación fenomenológica de los cuarzos, el observador puede vivenciar la relación de una materia mineral con la luz. Además del aluminio, el silicio es el elemento más frecuente de la tierra. Desde ese punto de vista se puede comprender a la tierra como un viviente portador consciente de la luz.

* * *

En el contacto social inmediato, los seres humanos se comunican mediante sonidos, palabras y lenguaje, como también por signos. Es la palabra la que porta el concepto, y el lenguaje, el curso del pensamiento. En el sonido se expresa una vivencia del alma, mientras que los signos le indican a la persona un concepto. En la comunicación, los hombres se intercambian sus vivencias interiores. Es decir, cuando dos personas se comunican a través del habla, se transmite luz de conciencia: El hablante expresa su interior a través de palabras y oraciones. Si el oyente comprende al otro, también en él se

---

* Husemann 1991, Bd. II. S. 223.

formarán los pensamientos de aquél. La luz interior de la conciencia del hablante también le aparece al oyente, en la medida en que comprende lo hablado.

Sin embargo, la comunicación no solo tiene lugar de una persona a otra sino en todos los ámbitos de lo viviente: entre cada una de las células, al igual que en sistemas complejos, a través de hormonas y señales nerviosas. Sin esta comunicación ningún sistema viviente puede existir. Frecuentemente ocurre por una emisión mínima de luz, de manera que se podría hablar de un intercambio de luz. Este intercambio se basa en una forma especial de la conciencia.

En la telefonía móvil nos servimos de una tecnología que amplía técnicamente la comunicación; esto no solo concierne las conversaciones entre personas sino también la transmisión de todo tipo de informaciones. A través de la telefonía móvil surgen nuevas posibilidades de comunicación: Sin problema alguno podemos hablar de un continente a otro, enviarnos imágenes, usar juntos online el Internet, etc. La telefonía móvil optimiza la comunicación y nos libera de las limitaciones del espacio físico, nos hace más móviles y veloces; resulta ser un transmisor confiable y rápido de lenguaje, imágenes, películas e informaciones de todo tipo.

* * *

La relación entre la luz y la conciencia puede comprenderse – observándola cualitativamente – como una dinámica que se cruza.

Si queremos asignarle al recorrido de la luz solar una dirección en el espacio, será la vertical. El observador ve la luz que ilumina de arriba hacia abajo. El gesto del desarrollo de la conciencia también se vivencia en la vertical, pero en un sentido inverso: de abajo hacia arriba. Ampliamos nuestra conciencia a medida que crecemos hacia la luz que brilla hacia nosotros desde el espacio solar y estelar.

Cuando hablamos con otras personas, se expande lo que vive en nosotros como pensamiento – nuestra luz interior – en el plano horizontal. La comunicación es la difusión de luz en las almas de los seres humanos que habitan la tierra con nosotros. En la conversación efectiva entre personas puede resultar otra profundización más de la conciencia, que solo aparece con la atención mutua, y que excede lo que vive en cada uno.

Si miramos así los gestos cualitativos de la luz y la comunicación, esta mirada se puede concretizar en la imagen de una planta: con el tallo tiende hacia la luz y la recibe finalmente desde arriba en la flor; con sus hojas se extiende en el plano horizontal.

Es así que la luz exterior con dirección vertical se encuentra en estrecha relación con el aumento y la profundización de la conciencia de cada ser humano. En la comunicación se extiende horizontalmente como luz anímico-espiritual de la conciencia, con la posibilidad de que lo espiritual ilumine a la comunidad.

* * *

En nuestra época, en la cual la luz natural y la conversación directa entre las personas son reemplazadas o amplificadas por la tecnología, es necesario comprender los aparatos y los procesos que se llevan a cabo en los mismos, como también las fuerzas que actúan detrás. Esto puede hacerse desde el punto de vista tecnológico o también espiritual. Este libro intenta considerar ambos enfoques. Fue escrito por dos personas con orientación tanto científica como espiritual. Ellos quieren entender, por un lado, la estructura tecnológica de los medios de iluminación y la telefonía móvil y cómo funcionan. Por el otro lado, intentan superar lo netamente físico para seguir los efectos hasta lo etéreo en el hombre y su entorno. Los resultados de estas observaciones, logrados gracias a métodos de investigación de las fuerzas formativas, serán ilustrados en gráficos que reflejan los efectos en el ámbito de las fuerzas formativas vitales, para así posibilitar que el observador adquiera una idea más amplia.

Luz artificial y telefonía móvil es la expresión de una humanidad que se distancia de la naturaleza y la desconoce; esto proporciona muchas posibilidades pero también implica mucho riesgo. Habrá que compensar el alejamiento de la naturaleza por la tecnología con una comprensión espiritual más profunda del mundo. Solamente así puede unirse nuevamente lo que amenaza separarse.

Este libro aspira acercarse a este propósito.

LA LUZ

1 ¿EN QUÉ LUZ VIVIMOS?

1.1. LA LUZ INVISIBLE

> *"¿Qué ser viviente, dotado de sentidos, no ama por encima de todas las maravillas del espacio circundante a la luz jubilosa, con sus colores, sus rayos y sus ondas, dulce omnipresencia al despertar el alba?"* *

Lo que el poeta Novalis (1772-1801) expresa tan enfáticamente, es algo tan evidente para nosotros en la cotidianidad, que apenas lo notamos. Vivimos en un mundo iluminado por la luz. Recién cuando nos falta, cuando oscurece, notamos cuán importante es la luz para nosotros.

También cuando tenemos la impresión de que está oscuro, puede ser que haya luz en demasía. Esto lo demuestra un experimento elemental de la óptica: en un ambiente completamente oscuro se dirige el foco de una linterna hacia una superficie negra, oculta para el observador; para quien permanecerá oscuro el espacio entre la linterna y la superficie negra. Pero ni bien aparece polvo o humo entre la fuente de luz y la superficie, las partículas de polvo se iluminan y se reconoce el cono de luz de la linterna. De ahí podemos deducir, que el aparente universo oscuro que rodea nuestra tierra está lleno de luz solar. Recién con los planetas y sus lunas que reflejan el sol, se puede advertir que el cosmos está pleno de luz.

---

* Novalis 1999, S. 149.

La luz hace visible los objetos, pero ella es invisible. Según su esencia, podríamos decir que la luz es desinteresada – hace visible pero es invisible.

El ojo, como órgano humano, posee la misma cualidad para captar la luz: durante la actividad visual se retrae completamente, pues la persona normalmente se olvida de sus ojos. Cuando mira algo se le hace consciente el objeto observado, a éste está dirigida toda su atención. Recién cuando entra una mota de polvo o una pestaña en el ojo nota su presencia y entonces estará más ocupado con el ojo doloroso que con el objeto.

Entonces, tanto la luz que ilumina el objeto como los ojos con los que la persona percibe el objeto iluminado, se retiran de su conciencia. En cierto modo, ambos son transparentes; a través de ellos se hace consciente el objeto sin que se manifiesten.

En este sentido, la luz y el ojo están emparentados y uno depende del otro. Sin la luz el ojo no tiene sentido como órgano y comienza a deteriorarse, tal como en tiempos prehistóricos los proteos de las cuevas de Postojna (Eslovenia), que hoy son ciegos. Y a la inversa: sin ojos, el mundo iluminado permanece oscuro para todo ser animado. Esta última relación ya es mencionada por el filósofo griego Plotin (aprox. 205-270), fundador del neoplatonismo, cuando dice: *"Jamás el ojo habría visto el sol, si el mismo no fuera de carácter solar."** Johann Wolfgang von Goethe (1749-1832) hizo suyas estas palabras, expresándolas de este modo:

*"Si el ojo no fuera solar,
¿Cómo podríamos contemplar la luz?
Si no viviera en nosotros la fuerza propia de Dios,
¿Cómo podría arrebatarnos lo divino?"***

---

* Plotin 1878, (1, 6, 9).
** Goethe 1987, S. 279.

Los objetos se hacen conscientes únicamente por la acción combinada entre la luz y un órgano susceptible a la luz. Esto es la condición para el acto visual. Sin embargo, no solo los ojos se relacionan con la luz, sino *todo* el organismo humano. El ser humano necesita una suficiente cantidad de luz para mantener la salud.

1.2 FUENTES DE LUZ

Luz no es igual a luz. Existe una serie de procesos que generan luz y, según la forma de generarse, posee diferentes cualidades.

1. *El sol* es la fuente luminosa más poderosa e importante para todo lo viviente en la tierra. Todos los procesos vitales en la tierra dependen de la luz solar. De ahí que la luz solar se toma como parámetro para medir la luz de otras fuentes luminosas, ante todo si se considera su relación con el hombre.

2. *El fuego* fue la primera fuente luminosa que el ser humano aprendió a manejar a voluntad para iluminar la oscuridad. Y hasta muy entrada la edad moderna, las llamas de aceite o velas fueron la única posibilidad de iluminar una pequeña superficie de trabajo o de suministrar una tenue luz a un ambiente, una vez entrada la noche.

3. *Luz incandescente.* Cuando se aprendió a manejar la electricidad en el siglo XVIII, pronto observaron que los alambres por donde corría la electricidad se calentaban e incluso llegaban a encandecer. Si se calienta un metal de esta manera, se pone rojo y luego candente al blanco, es decir que emite luz. De este principio se valen las lámparas incandescentes.

4. *Fluorescencia.* Ciertas sustancias como por ejemplo la quinina sulfato o la fluoresceína, comienzan a brillar por sí solas cuando reciben luz. La emisión propia de luz de estas

sustancias dura todo el tiempo en que son iluminadas desde afuera.

5. *Fosforescencia.* En oposición a la fluorescencia, en la fosforescencia la emisión propia se mantiene durante un tiempo más o menos largo, una vez que cesó la iluminación externa. La materia fosforescente se suele usar para las esferas en los relojes.

6. *Quimioluminiscencia.* Ciertos procesos químicos pueden estar relacionados con una fuerte emisión de luz sin que haya un calentamiento. El ejemplo más antiguo es el efluvio que se produce durante la oxidación del fósforo, finamente distribuido.

7. *Triboluminiscencia.* En la destrucción de pequeños cristales aparece un breve destello en el momento en que se rompe el cristal.

8. *Bioluminiscencia.* Una serie de organismos vivos, tal como los peces abismales, noctilucas, krill (camarón luminoso) o luciérnagas poseen los llamados órganos luminosos que generalmente emiten una luz fría, verdosa. También hay determinados hongos y algas unicelulares que pueden emitir luz visible.

Además de las fuentes de luz que existen en la naturaleza, el ingenio humano descubrió aún más fuentes.

9. *Descarga de gas.* Si se conecta una tensión eléctrica alta de varios miles de Voltios a un tubo de vidrio, en cuyos extremos hay respectivamente un electrodo fundido, y paulatinamente se extrae el aire del tubo; a partir de una determinado vacío parcial, el gas restante en el tubo comienza a emitir luz. Este fenómeno se lo conoce como descarga de gas y es usado en los llamados tubos fluorescentes que se utilizan mucho para iluminar ambientes de trabajo o sótanos. En la naturaleza aparece un efecto parecido en la luz polar y el relámpago.

La temperatura de color se calcula y se refiere a un cuerpo negro teórico que físicamente solo se puede comparar con un cuerpo de metal que, con el aumento de temperatura, se pone candente, primero con un color rojizo que se vuelve cada vez más blanco hasta finalmente parecer azulado. De ahí que se le puede asignar una temperatura determinada a los colores. Dado que en la física el calor se mide con la unidad de medida Kelvin (K), se obtiene de ese modo la temperatura de color. Kelvin se diferencia de la conocida unidad de Celsius solo por el comienzo de la escala. 0º C indica el punto de congelación del agua, 0º Kelvin comienza con el punto cero absoluto, que corresponde a -273,15º C. Esto significa, que 1800º K corresponden aproximadamente a 1527º C.

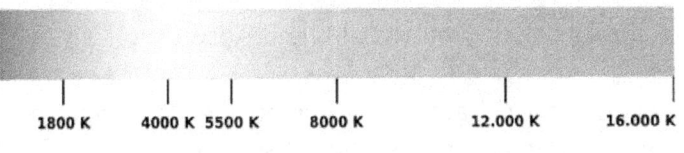

| 1800 K | 4000 K | 5500 K | 8000 K | 12.000 K | 16.000 K |

Gráfico I:

Fuente: https://de.wikipedia.org/wiki/Datei:Color_temperature_sRGB.svg © PD

No hay que confundir la temperatura de color con la sensación anímica de un color. La luz azul sugiere frialdad en el alma, pero desde el punto de vista físico es más cálida que la luz roja, que, por su parte, es más fría que el azul desde su aspecto físico, pero que da la sensación anímica de calidez.

Diferentes temperaturas de color características:

Luz de una vela	1500 – 2000 K
Lámpara incandescente (100 W)	2800 K
Lámpara halógena	3200 K
Tubo fluorescente (blanco frío)	4200
Sol matutino y vespertino	5100 – 5500 K
Cielo azul en la sombra	9000 – 12000 K

10. Diodos emisores de luz (LED=**L**igth **E**mitting **D**iode). Una forma especial de los semiconductores electrónicos emite luz cuando fluye corriente eléctrica en dirección de transmisión. La fuerza lumínica de esta LED ha sido mejorada de tal manera por los avances técnicos, que suelen usarse en muchos ámbitos de la vida diaria.

Cuando una fuente de luz también emana calor, se habla de una luz cálida. Es el caso del sol, de una llama o de un cuerpo incandescente. En cambio, en la fluorescencia, la fosforescencia, la quimioluminiscencia, la triboluminiscencia y también la bioluminiscencia solo se produce una *luz fría*. En la descarga de gas y las lámparas LED se produce cierto calentamiento por el flujo de la corriente eléctrica pero es relativamente poco, de modo que también aquí podemos hablar de una luz fría. Para poder definir cuantitativamente el calor o frío de una fuente de luz se le asigna una llamada temperatura de color.

1.3 ASPECTO FÍSICO DE LA LUZ

¿Qué es la luz? Hace mucho tiempo que este enigma mueve a los hombres. Cuando surgió la física a comienzos de la Edad Moderna, se trató de comprender la esencia de la luz de un modo físico. Isaac Newton (1643-1727) creía que la luz consiste en corpúsculos extremadamente pequeños. El físico Christian Huygens (1629-1695), en cambio, planteó la teoría que la luz, similar al sonido en el aire, es una oscilación en un "éter" físico de suposición hipotética. Partiendo de esta hipótesis, muy pronto se logró confeccionar un ordenamiento experimental de cuyos resultados se pudo asignar para cada color de la luz una determinada longitud de onda. Así es, que en el siglo XIX los físicos estaban completamente convencidos de que la luz no era otra cosa que una oscilación en el éter. En el pase del siglo XIX al XX, nuevos experimentos cuestionan esta suposición, de modo que hubo que desistir de la hipótesis acerca del éter físico. Se descubrió que había muchos indicios para comprender la luz como una onda electromagnética que no necesita de un medio que la transporte. Además fueron descubiertos otros fenómenos que no podían ser explicados a partir de la teoría de la onda, sino solo suponiendo que la luz consiste en fotones separados, que pueden entenderse similares a corpúsculos.

Actualmente, la luz se comprende como un fenómeno natural que, en un contexto físico y según las condiciones experimentales, puede entenderse , ya sea como onda (electromagnética) o como un corpúsculo, el llamado fotón. La idea fundamental de la teoría cuántica acerca del dualismo de onda –que es válido para todas las partículas atómicas- también corresponde a la luz.

Esta teoría de las ondas es la que predomina en las aplicaciones tecnológicas cotidianas. A cada color se le puede asignar una determinada longitud de onda, y con ello también una determinada frecuencia. Si se divide la luz solar según su espectro (colores del arco iris), se obtienen longitudes de onda desde aproximadamente 650 nanómetros (nm) para el color rojo y » 450 nm para el color azul.*

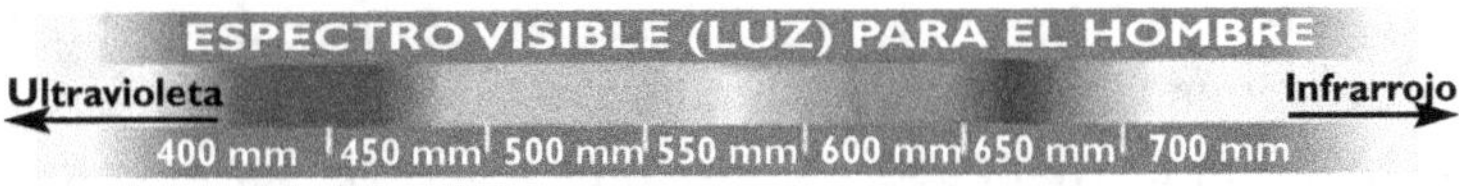

ESPECTRO VISIBLE (LUZ) PARA EL HOMBRE
Ultravioleta — 400 mm | 450 mm | 500 mm | 550 mm | 600 mm | 650 mm | 700 mm — Infrarrojo

Gráfico 2: Colores y longitudes de onda
Fuente:https://de.wikipedia.org/wiki/Datei:Electromagnetic_spectrum_c.svg © CC-By-SA 3.0

Si bien una clasificación semejante del color y su longitud de onda es correcta y tiene sentido para su uso técnico, resulta ser muy abstracta. De este modo no se hace más comprensible la cualidad de cada color.

En su "Teoría de los Colores", Goethe emprendió otro camino para entender la luz. Él quería concebir la luz y los colores en su integridad. De ese modo se contrapuso a Newton. El enfoque de Goethe fue retomado ocasionalmente en los tiempos posteriores, pero nunca elaborado completamente.

1.4 EL HOMBRE COMO SER LUMINOSO

Al indagar sobre el origen de la luz, se puede comprobar primero: La luz que anuncia el día y que ilumina nuestra tierra pro-

---

* I nm indica la longitud de una milmillonésima fracción de metro

viene exclusivamente del sol. La luz solar alberga una cualidad que despierta todo a la vida, que, en suma, hace posible la vida en la tierra. La ciencia también lo corrobora, que sin luz solar y sin agua, la tierra sería un planeta frío, muerto y congelado.

Dado que el sol posee estas cualidades que generan vida, fue y es venerado en muchas culturas y religiones como manifestación de la divinidad: tal es el caso de los mayas e incas de América Central y Sudamérica, de los indios norteamericanos, de los germanos, los egipcios, de los pueblos africanos, etc.

Es lógico, que el ser humano esté estrechamente ligado a la luz no solo como un ser vidente sino en toda su esencia, y que en todos los procesos vitales en el hombre estén actuando de alguna forma procesos lumínicos que lo plasman y configuran. Con cierta agudeza podríamos decir: "El ser humano es un ser luminoso".

* * *

Los colores de la luz solar que una persona puede vivenciar en un prisma o en el arco iris, aparecen en el orden del violeta, pasando por azul, verde, amarillo hasta el rojo.* En el aspecto físico, corresponde a las longitudes de onda entre 380 y 750 nm y comprende el espectro completo de la luz visible. Las longitudes de onda más pequeñas, de 100-380 nm delimitan el espacio de la luz azul invisible, el ultravioleta. En ondas menores a 100 nm comienza el ámbito de los rayos de Röntgen (rayos X).

Longitudes de onda que llegan de 750 hasta 1.000.000 nm = 1 mm, delimitan el espacio de la luz roja invisible, también llamada de infrarrojo. Esta luz emana una cualidad cálida. Las longitudes de onda superiores a la luz de infrarrojo ya desem-

---

* La limitación de la visibilidad de la luz no es igual en todos los seres vivientes. El ojo de la abeja, por ej. puede ver en el ámbito del UV hasta 300 nanometros, pero en el espectro del rojo ya no puede percibir a partir de los 700 nm,.

bocan en el ámbito de las ondas de radar; a éstas les siguen las ondas radiales y finalmente las corrientes alternas.

Las dos áreas límites de la luz tienen real importancia en su efecto biológico y también se pueden observar muy bien en las características de crecimiento de las plantas. Es sabido, que en las regiones más altas de la montaña la luz solar posee un mayor porcentaje de rayos UV, de los que el hombre debe protegerse con lentes de sol y vestimenta apropiada. En el mundo vegetal, sin embargo, el alto contenido de rayos UV lleva a un crecimiento formado y diferenciado: crecen plantas pequeñas con una foliación muy diferenciada y un impresionante colorido en sus flores, como asimismo una radicación muy fuerte.*

En la planicie, el porcentaje de luz UV es inferior y resalta más la parte infrarroja. Aquí se observan plantas exuberantes, rebosantes, con una tendencia de crecimiento excesivo.

Este hecho es aprovechado en la horticultura industrial. Se sabe ya que la luz azul disminuye el crecimiento de la lechuga, pero que a su vez estimula la producción de la vitamina A y de polifenoles antiinflamatorios. La luz roja, en cambio, incentiva el crecimiento y la formación del dulzor. Se hacen experimentos para encontrar la mezcla adecuada de luz para estimular el metabolismo de la planta, de modo que desarrolle las cualidades deseadas. "En principio, se podría 'tunear' un tomate alemán para obtener un tomate italiano de huerta", dijo uno de los investigadores. Entre otras cosas, habría que suministrarle más luz UV. Esto también la haría más sabrosa, pues los rayos UV estimulan la planta para que produzca más aceites esenciales.**

Esta polaridad también la encontramos en el hombre: La cabeza con sus fuerzas formativas corresponde al azul, de un aspecto frío. Hace tiempo atrás pasaban (en Alemania) un aviso

---

* Véase también Husemann 1991, Bd.II, S.223
** Szentpétery 2014, S.41-43

publicitario por televisión para un determinado modelo de jubilación, diciendo: "Para mi futuro veo azul" Esto representa al hombre que planifica su vida calculando fríamente y con lógica aguda.

La zona del vientre, donde tiene lugar el metabolismo, lo podemos asociar con el color rojo. Aquí se alberga la voluntad humana, la pulsión. Por algo se denomina "ambiente de la luz roja" a esta región del hombre.

En la parte media del cuerpo humano, que corresponde al sistema rítmico, se encuentran las dos polaridades, que plasman la vida a su ritmo. A este ámbito lo podemos relacionar con los colores vivificantes del medio, verde y amarillo.

Para la mirada clarividente también se evidencia una serie de colores en las chacras del aura humana, que corresponden al arco iris: azul en la cabeza, verde en el corazón, amarillo en el plexo solar, anaranjado y rojo en el vientre.*

El hecho de que el ser humano es un ser luminoso, se ve reflejado también en que bioquímicamente consiste de sustancias que están estrechamente ligadas a la luz. En el metabolismo, el fósforo es uno de los portadores de la luz. Se lo conoce como depósito de energía, se trata del Adenosintrifosfato (ATP) que es una sustancia altamente energética y que, al igual que una batería, se "carga" en las mitocondrias celulares, para luego transportar la energía (que básicamente son fuerzas lumínicas) a otras partes de la célula o del cuerpo, donde son consumidas en actividades musculares, cerebrales, reconstituyentes (por ejemplo: producción de proteínas y hormonas, actividades metabólicas, función de bombas de membrana, etc). Para liberar energía, se desintegra gradualmente, pasando por ADP (Adenosindifosfato) a AMP (Adenosinmonofosfato) y es reciclado en el metabolismo celular, para

---

* Bischof 2005, S.287

transformarse nuevamente en ADP y luego ATP. En la suma total esto corresponde a 45 Kg por día.* Si se pudiera hacer visible esta función, entonces el hombre emitiría luz – como generalmente todos los organismos vivientes.

La luz influye hasta en la formación de nuestros huesos; el cuerpo humano puede transformar la sustancia inicial de Cholecalciferol en la hormona D propia del cuerpo (vitamina D), por los rayos UV del sol en nuestra piel. Esto es necesario para una firme estructura ósea lineal radiada. La escasez de hormona D lleva al raquitismo en el cual los huesos se vuelven deformes, abultados e hinchados.

Esto nos demuestra: en todo el ser humano y no sólo en el ojo actúan fuerzas lumínicas.

1.5 EL SER HUMANO INGIERE LUZ

Por más desacostumbrado que nos parezca: en el centro de toda alimentación del hombre está la incorporación de luz, pero es luz transformada. La forma más clara de demostrarlo es mediante la formación de sustancia en las plantas.

Todo el mundo vegetal consiste sustancialmente – desde el punto de vista químico – sobre todo de hidratos de carbono. Esto incluye también las sustancias leñosas, como la lignina y la celulosa. En la formación del hidrato de carbono (azúcar) se evidencia cómo la luz es necesaria para su creación: **

$$6\ CO_2 + 6\ H_2O + Luz \longrightarrow C_6H_{12}O_6 + 6\ O_2$$

(dióxido de carbono + agua + luz $\longrightarrow$ azúcar + oxígeno)

---

* http://www.spektrum.de/lexikon/biologie/adenosintriphosphat/997
https://wikipedia.org/wiki/Adenosintriphosphat
** http://www.biologie-schule.de/photosynthese.php
https://de.wikipedia.org/wiki/Photosynthese

La planta absorbe la energía lumínica con la ayuda del verdor de las hojas – la clorofila – y la transmite en procesos bioquímicos a moléculas de baja energía, como el agua y el dióxido de carbono. Éstos son transformados en una sustancia viviente rica en energía, el hidrato de carbono. Al mismo tiempo se genera el oxígeno, tan vital para el ser humano y para todos los animales.

Cuando el hombre se alimenta e ingiere comida vegetal, vuelve a invertir este proceso:

$$C_6H_{12}O_6 + 6\,O_2 \longrightarrow 6\,CO_2 + 6\,H_2O + Luz$$

(azúcar + oxígeno ⟶ dióxido de carbono + agua + luz)

Todos los seres vivientes superiores muestran la característica de tener un metabolismo de oxidación (combustión). ¿Qué significa esto? Del portador de sustancias azúcar, consistente en fuerzas lumínicas internalizadas, se oxida el azúcar ante la presencia del oxigeno, es decir, se quema. En este proceso se genera CO_2, dióxido de carbono, que debe ser exhalado, y también agua de oxidación y luz en forma de energía. Esta luz se encuentra ahora en la célula del ser humano, fue ingerida por él con la alimentación y liberada en su interior. Es decir, cuando nos alimentamos, en definitiva comemos luz que el mundo vegetal fijó del sol en sustancia.

Las siguientes palabras del médico y místico Angelus Silesius (1624-1677) expresan un hecho verdadero:

"El pan tan solo no nos alimenta: lo que del pan nos nutre, es la eterna palabra de Dios, que es vida y es espíritu"

En la formación de sustancias no da igual dónde creció una planta o un fruto y de qué modo absorbió la luz. Asimismo es importante cómo fueron comercializados y producidos los alimentos para los hombres. Todo es una cuestión de la luz.

1.6 BIOFOTONES – LUZ ULTRA DÉBIL DE LAS CÉLULAS

En 1922, el médico ruso Alexander Gurwitsch (1874-1954) observó en un ensayo con cebollas nuevas que sus raíces emitían luz. Es, ciertamente, muy débil pero tan esencial para la subsistencia de las plantas, que el crecimiento de una planta vecina puede ser estimulado por esa luz. En occidente, los resultados de Gurwitsch fueron controvertidos durante bastante tiempo. Con una mejor técnica de medición lumínica, en 1954 investigadores italianos pudieron demostrar que los gérmenes de trigo, porotos, lentejas y maíz emitían luz.* Las investigaciones de Gurwitsch fueron continuadas en distintos lugares, sobre todo en Rusia, de modo que en las dos siguientes décadas aparecieron en todo el mundo, más de 500 estudios positivos.** En Alemania fue el biofísico Fritz-Albert Popp quien continuó investigando la radiación celular. Esto condujo a que también en occidente se retomaran las investigaciones de este fenómeno. Popp introdujo la denominación de biofotones para la luz ultradébil que emiten los organismos. Hoy se sabe, que la emisión de luz.***

1. puede ser demostrada en todos los organismos animales y vegetales (excepto en los seres vivientes de menor desarrollo, como unicelulares y algas);
2. aparece en las diferentes especies con intensidad variada y con distinta distribución espectral;
3. siempre aumenta visiblemente cuando el ser viviente comienza a morir, apagándose con la muerte;
4. reacciona sensiblemente ante todas las influencias externas y los cambios internos del organismo, y por ello

---

* Popp 1984, S.36; Bischof 2005, S.109
** Bischof 2005, S.106
*** Popp 1984, S.37; Bischof 2005, S.318-333; Strube/Stolz 2004

se adapta bien para investigar dichas influencias y modificaciones.

Jürgen Strube (1947-2010) y Peter Stolz del instituto KWALIS de Fulda (investigación de calidad) aprovecharon la investigación sobre la emisión de biofotones para evaluar la calidad de los alimentos – con unos resultados impresionantes. En base a la intensidad y del espectro de la luz emitida pudieron corroborar marcadas diferencias entre alimentos de elaboración convencional, orgánica y biodinámica. Strube y Stolz finalizan su informe sobre los estudios con las siguientes frases.

"Nuestras investigaciones demostraron una relación entre la planta y la luz. También al desmenuzar la planta se libera luz. Esta luz es de intensidad cambiante y puede mostrar una gran gama de colores. ¿Qué efectos tiene la luz que se produce durante la digestión? El profesor Fritz-Albert Popp ve en la luz celular un elemento coordinador del organismo. En ese contexto, incluso se supone que existen relaciones entre la luz y el ámbito espiritual-anímico. ¿Tendrán que ver algo las funciones coordinadoras de la luz con el reconocimiento del orden? Aquí se abre un inmenso campo de investigación"*

El filósofo y antropósofo austriaco Rudolf Steiner (1861-1925) llegó a una afirmación similar pero mediante modos de investigación muy diferentes. En una conferencia ante médicos hizo una declaración muy sorprendente para el público de aquel entonces.

..."que realmente desarrollamos luz original en nuestro organismo – nos sorprende, pero es así. En el hombre superior somos realmente generadores de luz original." **

---

* Strube/Stolz 2004, S.76
** Steiner, GA 312, S.216

Poco después agregó, luego de señalar que al quemarse carbono formando ácido carbónico, se genera luz en el organismo humano:

"Este proceso de formación lumínica en el interior se dirige en dirección a la luz exterior. Y nosotros, con respecto a la parte superior del cuerpo humano, es decir, cabeza y organización toráxica, estamos configurados para que la luz exterior e interior vayan al encuentro, se interrelacionen; y justamente lo esencial de nuestra organización se basa en que allí donde deberán interactuar la luz exterior e interior, somos capaces de impedir que confluyan, las mantenemos separadas, de modo que se influyan pero no se unan. En la medida en que nos enfrentamos a la luz exterior, ya sea a través de los ojos o la piel, se erige en todas partes una pared divisoria entre la luz interior original en el hombre y la luz que incide desde fuera. Y la luz exterior en realidad tiene solo el significado de estimular el desarrollo de la luz interior. Cuando dejamos penetrar en nosotros la luz exterior, nos dejamos estimular para que se genere la luz interior." *

El ser humano vive en la luz. Él absorbe la luz y en todo su organismo se plasma la luz. Por ello es de esencial importancia para toda la entidad humana, en qué tipo de luz vive el hombre.

1.7 ¿CON QUÉ LUZ SE RODEA EL HOMBRE?

En épocas antiguas, el hombre primitivo vivía exclusivamente con la luz solar; más tarde aprendió a manejar el fuego y las velas. El gran logro de la técnica, de generar electricidad, posibilitó una forma completamente nueva de iluminación: la luz artificial. El hombre moderno ilumina sus ambientes interiores

---

* Steiner, GA 312, S.216

con luz artificial; son ambientes en los que hoy día – según la estadística – pasa un 95% de su tiempo despierto.*

Actualmente se utilizan los siguientes medios de iluminación artificial en las viviendas:

1. lámparas incandescentes convencionales y lámparas halógenas.
2. lámparas fluorescentes,
3. lámparas de bajo consumo
4. lámparas LED.

¿En qué se diferencias estos cuatro cuerpos de iluminación?

1.7.1 Lámparas incandescentes y halógenas

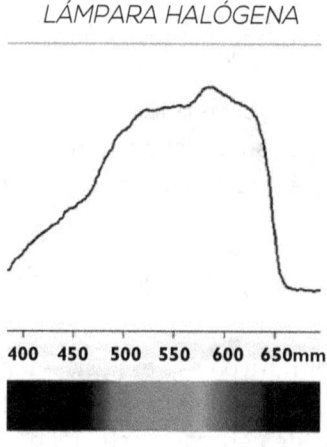

Gráfico 3: Espectro de una lámpara halógena (Philips EcoClassic 30) Medición con RSpecExplorer 1.1

En la medida en que, a fines del siglo XIX, comenzaba la electrificación de las viviendas, la lámpara incandescente reemplazó las velas, las lámparas de petróleo y de gas. Tras los primeros precursores, se otorgó en el año 1841 la primera patente por una lámpara incandescente. Pero recién hacia fines del signo XIX el inventor Thomas Alva Edison (1847-1931) logró desarrollar una lámpara incandescente que fuera durable, con eficiencia energética y suficientemente lu-

---

* Wunsch 2007

minosa para poder competir con los medios de iluminación existentes.

    El principio de la lámpara incandescente es simple. Se basa en el hecho elemental de que los conductores eléctricos se calientan cuando fluye corriente por los mismos. Si el conductor es muy fino en relación con la intensidad de la corriente eléctrica, puede llegar a calentarse tanto que comienza a arder. Dado que un alambre ardiente se quema pronto por el contenido de oxígeno en el aire, se lo protege mediante una bombilla llena de un gas protector, generalmente una mezcla de nitrógeno y argón. Lámparas más expensas contienen kriptón o xenón, que posibilitan un mayor calentamiento del alambre, lo que trae un mayor rendimiento de luz. El filamento incandescente es, en la actualidad, casi siempre de wolframio, cuyo punto de fusión está en 3420º C.

* * *

En las llamadas lámparas halógenas se consigue, por un lado, prolongar la vida útil mediante el agregado de halógenos (yodo, bromo), y por otro lado, por la mayor temperatura de funcionamiento, una luz más intensa. Comparado con las lámparas incandescentes normales, las lámparas halógenas requieren un 30% menos de energía para una intensidad de 230º Voltios; significa que en vez de 60W se necesitan solo algo más de 40W para obtener el mismo rendimiento lumínico que una lámpara incandescente tradicional. Tanto las lámparas incandescentes como las halógenas despiden mucho calor. La luz que emiten, muestra en el análisis espectral un espectro completo, muy parecido a la luz solar. Su espectro luminoso corresponde en gran parte al del sol, y por lo tanto es conveniente para los ojos y toda la fisiología humana. Ambos tipos de lámparas se confeccionan con un bajo consumo de energía y pueden eliminarse sin problemas. En cuanto a la sustentabilidad de las lámparas incandescentes y halógenas, son de materia prima cuya producción y desecho son, mayormente, inofensivos. Se trata de un portalámpara de chapa, en el que está fundido con un poco de pegamento una bombilla de vidrio que contiene un filamento incandescente. En el interior de la bombilla de vidrio se halla solo un gas protector, y en la lámpara halógena se le añade a este gas un halógeno (generalmente bromo).

Teóricamente, las lámparas incandescentes podrían funcionar casi una eternidad, si no fuera por su proceso de elaboración, en el cual se limita, a propósito, su durabilidad. *

1.7.2 Lámparas fluorescentes

La luz de estas lámparas es fluorescente. Los tubos fluorescentes están recubiertos en su interior con un material de gran fluorescencia. Generalmente se trata de halofosfatos. Según el tipo de recubrimiento, los tubos emiten luces de diferentes colores.

La luz que estimula la sustancia luminosa a la fluorescencia, se produce por una descarga de gas en el interior del tubo. Allí está encerrada una mezcla de gas que también contiene vapor de mercurio. A dos electrodos llega una tensión que estimula la mezcla de gas a iluminar. La luz que proviene del gas luminoso, antes que nada la ultravioleta, no alcanzaría para iluminar un ambiente, pero es suficiente para activar las sustancias fluorescentes en el in terror del tubo. Al observar el espectro de esa luz emitida, vemos que se diferencia considerablemente del espectro de una lámpara incandescente o de la luz solar. Por motivo de las sustancias fluorescentes, solo aparecen, esencialmente, los tres colores rojo, verde y azul, que ante el ojo humano se unifican en una impresión lumínica blanquecina.

---

* http://www.deutschlandradiokultur.de/der-profitable-tod-der-gluehbirne.1008.de html?dram:article_id=219583
http://de.wikipedia.org/wiki/Phoebuskartell

A causa del contenido del vapor de mercurio, el descarte de estos tubos fluorescentes es problemático. Si se llegan a romper dentro de la casa, hay que ventilar mucho para que se evaporen rápidamente los gases venenosos del mercurio.

1.7.3 Lámparas de bajo consumo

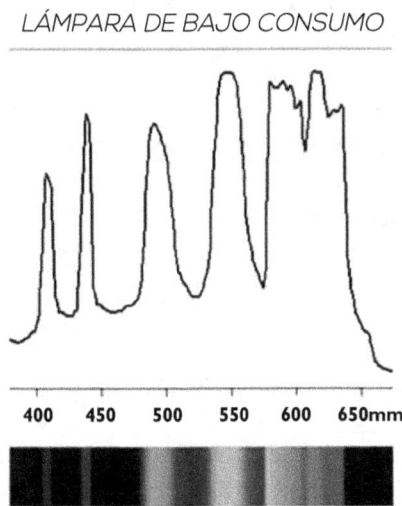

LÁMPARA DE BAJO CONSUMO

Gráfico 4: Espectro de una lámpara de bajo consumo (Osram Doled 12W/827 – Warm White). Medición con RSpecExplorer 1.1

Las lámparas de bajo consumo son, en principio, lámparas fluorescentes más desarrolladas y reducidas al mínimo en su tamaño. Se caracterizan en todo su aspecto por ser venenosas. Todas sus piezas de construcción son tóxicas desde su elaboración hasta su eliminación. Consumen muchas reservas y energía. Este balance negativo continúa cuando son descartados como residuos tóxicos. Entre sus componentes se cuentan las resinas-epoxi, que despiden emanaciones tóxicas, piezas electrónicas y mercurio en cantidades peligrosas. En caso de caerse una lámpara de bajo consumo en la casa y romperse el tubo de vidrio, el aire se contamina con gas de mercurio que podría afectar la salud. Actualmente, se suelen descartar estas lámparas con la basura normal de la casa, lo que provoca considerable daño del medio ambiente, ya que el mercurio va a parar sin control al agua subterránea o a la atmósfera.

El TÜV aconseja una distancia mínima de 1,5 m de la fuente de luz, ya que la lámpara de bajo consumo produce electrosmog, que es perjudicial para la salud.* El electrosmog se origina en el dispositivo de maniobra electrónico que produce una elevada tensión de frecuencias altas, para que el gas en el tubo comience a brillar.

En la actualidad se están desarrollando nuevas lámparas de bajo consumo que aparentemente pueden solucionar el problema del mercurio. En 2013 se presentó por primera vez un modelo cuyo tubo de vidrio contenía una mezcla de gas inofensivo.** Esto significa, que al romperse el vidrio ya no se produce más una emisión tóxica, sin embargo, en esta tecnología surge un nuevo problema: El gas es estimulado a iluminar mediante microondas. Esto significa para el consumidor, que con este tipo de lámpara tiene que soportar en su vivienda una carga suplementaria de microondas.

1.7.4 Lámparas LED

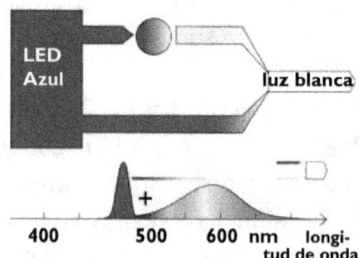

Gráfico 5: un diodo que emite luz azul está empotrado en una capa fluorescente amarilla. El azul de la luz LED y el amarillo de la capa fluorescente se suman ante el ojo humano en una luz blanca, que tiene un leve tono azulado.

Fuente: http://de.wikipedia.org/wiki/
Datei:LED_weiss_P_blau.svg © CC-By-SA 1.0

Aquel que observe los cambios en el ámbito de la técnica de iluminación, puede constatar que las lámparas LED están conquistando el mercado. LED significa: **L**igth **E**mitting **D**iode, denominando así una pieza de construcción electrónica. Ésta consta de dos capas de cristal que permiten que la corriente fluya en una sola dirección. Los diodos ya se

---

* http://www.tuev-sued.de/uploads/images/13043344683716523607O8/funkwellenbelastung-in-gebaeuden-zeno.pdf
** http://www.welt.de/wissenschaft/article115111696/Neue-Energiesparlampe-ohne-Quecksilber-erfunden.html http://netzvisite.com/ tag/quecksilber/

utilizan hace mucho en la electrónica como rectificadores; que estas piezas también emiten luz fue descubierto recién en las décadas del 60 del siglo pasado. En los años 80 ya se había avanzado tanto en el desarrollo, que fue posible utilizar LEDs azules y verdes como fuentes de luz. Con el agregado de sustancias lumínicas específicas, desde el año 1995 también podían emitir luz blanca. La particularidad de la técnica LED es, por un lado, el bajo consumo de electricidad, y por el otro, la extrema luminosidad que alcanza.

Los artefactos lumínicos LED constan de un semiconductor cuadrado de aproximadamente 1 mm de lado, fijado sobre un reflector. Sobre el semiconductor está montado un lente que concentra la luz. El reflector, el semiconductor y el lente están fundidos como una unidad dentro de un material plástico transparente, en cuya base sobresalen los hilos metálicos de conexión. Mediante diferentes procedimientos se pueden variar la luminosidad y los colores.

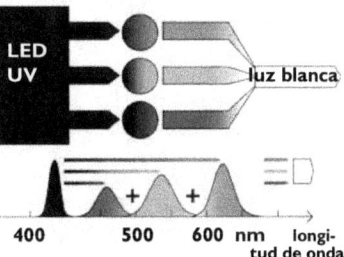

Gráfico 6: Otro método – más complicado – utiliza LEDs UV, cuya luz estimula tres diferentes capas fluorescentes (azul, verde, rojo). Por la suma de colores el ojo percibe luz blanca, que posibilita una mejor reproducción de colores, pero su elaboración es costosa.

Fuente: http://de.wikipedia.org/wiki/Datei:LED_weiss_UV.svg © CC-By-SA 1.0

La elaboración de lámparas LED está ligada a una cierta toxicidad, pero en el descarte "solamente" se acumula chatarra electrónica. El argumento para la venta de lámparas de bajo consumo y LED es el ahorro de electricidad, lo cual es correcto. Pero si se incluyen en ese análisis de consumo el proceso completo, desde su producción hasta su eliminación, obtenemos otra imagen. El gasto de energía en la producción es bastante más alto que para las lámparas incandescentes.* Si además nos

---

* http://www.elektronikpraxis.vogel.de/opto/articles/266157/

percatamos de que menos del 5% de energía eléctrica se usa en las viviendas para la iluminación, nos damos una idea de lo poco que se ahorra en realidad.

Sin embargo, es errónea la afirmación de que las lámparas de bajo consumo emiten una luz cuyo espectro se asemeja a la luz diurna, como la lámpara incandescente. Solo la luz de estas últimas y de las lámparas halógenas es similar a la luz solar. La luz de las lámparas de bajo consumo y LEDs básicamente está estructurada de otra manera; desde su punto de vista técnico es práctica pero no es saludable para el ser humano.

1.8 LA CUALIDAD DE LA LUZ

La luz solar corresponde al "patrón oro"; toda fuente de luz artificial tiene que atenerse al mismo para ser un adecuado donador de luz para el ser humano.

Esta comparación no afecta a las lámparas incandescentes y halógenas. La corriente eléctrica pone en candencia blanca los filamentos incandescentes. En ambos tipos se produce un espectro de colores continuo y parejo que se asemeja bastante a la luz solar. La única diferencia es que no emite luz UV y solo un componente de azul atenuado, pero sí en cambio el espectro completo del rojo con fuertes componentes del infrarrojo.

Son justamente estas cualidades las que son beneficiosas para la fisiología humana. El espectro total de la lámpara incandescente es el único entre los medios de iluminación que alcanza un índice de reproducción de colores del 100%, eso significa, que la cualidad del color de un objeto es la misma que con luz solar.*

---

* El índice de reproducción de colores es una escala que permite comparar la reproducción de colores de un objeto iluminado por diferentes artefactos. Este índice determina para cada fuente de luz en qué medida ⇨

La elevada emisión de calor de las lámparas incandescentes provoca el mayor consumo de electricidad. Las lámparas de bajo consumo, en cambio, producen luz con muy poco aumento de temperatura, y por ello ahorran energía eléctrica.

Si se comparan las lámparas de bajo consumo en base al espectro lumínico, se evidencian marcadas diferencias en comparación con las lámparas incandescentes y halógenas. Poseen claramente una mayor cuota de azul y de rayos UV, menos rojo y nada de infrarrojo, lo que tiene consecuencias negativas para la fisiología humana, como veremos más detenidamente en el próximo párrafo.*

El espectro de color de las lámparas de bajo consumo no es continuo sino que está ordenado según las máximas de intensidad, que para estas lámparas se hallan en el ámbito del rojo-anaranjado, como también del ámbito verde-azul. A pesar de haber mejorado mucho la tecnología en los últimos años, hasta hoy no es posible generar un espectro continuo. La causa reside en la técnica misma. En la lámpara fluorescente se activan sustancias para su fluorescencia, según la combinación de estos componentes se iluminan distintas bandas de color que, combinados, parecen blancos para nuestra vista, pero en realidad no lo son.

Muy similar es el caso de las lámparas LED, que se acercan en su desarrollo cada vez más a la luz de las lámparas incan-

---

⇐ el color del material luminoso corresponde al ideal de la luz natural. Indice de reproducción de colores de algunas lámparas:

Lámpara incandescente	hasta 100
LED, blanca	80 – 95
Lámparas LED	50 – 90
Lámpara de vapor halógeno metálico	60 – 95
Lámpara de alta presión de vapor de mercurio	45
Lámpara de alta presión de vapor de sodio	18 - 30

* (véase también http://www.lichtungesundheit.de/Lichtungesundheit/Synopsis.html y http://www.lichtbiologie.de/LICHT%20Vollversion.pdf)

descentes. Las LEDs tienen la característica de emitir por naturaleza una luz monocromática en bandas angostas. Según el material de los semiconductores, tiene luz roja, amarilla, verde o azul. También aquí la calidad de la luz está reducida. El índice de reproducción del color alcanza desde un 80% hasta un máximo de 95%.*

La luz generada por las lámparas de bajo consumo puede parecerse bastante a la luz natural, tal como una planta de interior artificial puede ser una imitación casi perfecta de una planta viviente. Sin embargo, les falta a ambos el aspecto vital. Sigue siendo una luz muerta aunque parezca natural, como será demostrado seguidamente (párrafo 2.2)

El hecho de que las lámparas incandescentes y las de bajo consumo indiquen, numéricamente, las mismas temperaturas de color, por ejemplo 2700 Kelvin en lámparas de tonos cálidos, se produce por un truco matemático. Mientras que la física calcula el espectro de radiación lumínica en el arco total, la luminotécnica (CIE 1931) utiliza una medición de tres puntos: en las longitudes de onda de 700 nanometros (rojo), 546 nm (verde) y 435 nm (azul), de los cuales se calcula luego la temperatura de color.** Podríamos comparar esto con una encuesta estadística que se hace a tres ciudadanos elegidos para que reflejen la opinión pública representativa. La indicación de la temperatura de color en las lámparas de bajo consumo no indica, pues, nada acerca de su cualidad "biológica".

El aspecto esencial de la iluminación es la calidez de la luz. Sin calor, en el sentido más amplio, no prospera nada. La "luz de la modernidad" se elogia justamente por no derrochar energía para el calor en la producción de luz. Esto corresponde a la tendencia cultural de nuestra época: desinterés social, in-

---

* https://de.wikipedia.org/wiki/Farbwiedergabeindex
** http://www.itwissen.info/definition/lexikon/01-012738.html

diferencia, funcionalidad fría, pensar materialista abstracto. En esto, la luz sin calor es como un pensamiento sin alma.

1.9 ASPECTOS SANITARIOS

La luz que emiten las lámparas de bajo consumo y las LEDs es, efectivamente, dañina para la salud. En lo que respecta a los ojos, hay dos factores que influyen esencialmente:

1. El efecto biológico de los colores:

Los colores tienen diferentes efectos sobre el organismo. El rojo e infrarrojo tienen un efecto regenerativo sobre las células de la retina ocular. Esto significa que mantienen la salud de nuestros ojos.

El azul tiene un efecto opuesto, dado que sus ondas cortas provocan en las células ópticas de la retina un estrés oxidativo, el cual ejerce un efecto dañino. De ahí que el ojo se protege del azul reflejando en la córnea los rayos ultravioletas y el azul apenas llega a la retina. Para el caso en que gran parte del azul alcance la retina, ésta posee una capa protectora con pigmentos de la mácula, la luteína y la zeaxantina. Estos pigmentos atajan los efectos de las ondas cortas del azul, protegiendo, de ese modo, las células ópticas de ser destruidas.*

2. Disminución de la agudeza visual:

Dado que los colores poseen diferentes longitudes de onda, se refractan en el lente ocular (cristalino) de diferente manera, eso significa que no convergen en un mismo punto en la retina.

---

* http://institut-vmv.de/mikronaehrstoffe-bei-amd/www.amd-fruehdiagnose.de/nahrungsergaenzungsmittel-makuladegeneration/aktuelle-forschung-lutein-zeaxanthin-omega-3-fettsaeuren-augen-gesund.htm

Cuando se enfoca la vista, el rojo se refracta algo por detrás de la retina, el verde, un poco por delante. El ojo humano ve con mayor agudeza en el área del rojo-verde. El azul queda más alejado por delante de la retina cuando se enfoca algo; esto significa, que los bordes de superficies azules se ven con menor nitidez.

Si por ejemplo leemos con luz de una lámpara incandescente, primero nos llama la atención que podemos ver nítidamente con luz débil. Esto se debe a que la luz de la lámpara incandescente contiene mucho rojo y verde y poco azul. El ojo se enfrenta con una mezcla admisible de colores, es decir, mucho rojo sanador, poco azul dañino.

Si leemos con luz artificial de una lámpara de bajo consumo, pronto notaremos que con poca luz no se ven bien los contornos de las letras. Este fenómeno se debe al alto contenido de azul de la fuente luminosa, cuyo enfoque se encuentra delante de la retina, dejando en la misma una imagen poco nítida. Si igualmente intentamos ver con nitidez, necesitamos una mayor intensidad luminosa para forzar la luz azul en la retina, modificando el ajuste del iris y del cristalino. Pero en la retina tiene un efecto dañino porque la exposición excesiva a la luz de ondas cortas sobreexige la capa de luteína provocando un estrés oxidativo de la retina, lo que, a largo plazo, perjudicará el ojo.

Esta advertencia sobre el daño de la vista a causa del contenido de azul en la luz de las lámparas LED fue expresada por la agencia estatal francesa para la seguridad laboral y la protección ambiental (ANSES) el 25/10/2010, en un escrito a los políticos.*
En Alemania, el profesor Dr. Hans-Dieter Reidenbach, director del instituto técnico para frecuencias altas y técnica laser en Colonia, señaló posibles daños de salud a causa de la luz azul.**

---

* http://www.lichtundgesundheit.de/cyberlux/?p=987
** https://www.test.de/Taschen-und-Stirnleuchten-Nur-fuenf-sind-gut-1327437-o/siehe auch:http://www.gluehbirne.ist.org/LED.php

3. Efectos sobre el metabolismo hormonal:

La luz roja y la azul influyen de diferente manera en la formación de hormonas en la epífisis. La relación entre la luz y el metabolismo hormonal se realiza por una conexión nerviosa que nace en los receptores retinales y que transporta los estímulos luminosos a la epífisis a través de las llamadas vías retino-talámicas.

La epífisis es un órgano que produce hormonas y que, entre otras, sintetiza la melatonina y la serotonina que son enviadas a la circulación sanguínea. Estas dos hormonas tienen efectos opuestos sobre el bienestar general de una persona. La melatonina tiene un efecto tranquilizante, relajante y somnífero, mientras que la serotonina tiene un efecto contrario sobre la fisiología corporal: despabila y activa. Es interesante ver que estas hormonas se encuentran balanceadas: si la secreción de serotonina es alta, la secreción de melatonina es baja, y viceversa. Este equilibrio se ve influenciado, a través de las vías nerviosas retino-talámicas, por los colores rojo y azul, cuya acción es opuesta: con luz azul se eleva el nivel de serotonina, mientras que la luz roja aumenta el nivel de melatonina. Esto significa, que el gran contenido de luz azul de las lámparas de bajo consumo y las LEDs fomenta la producción de serotonina y reprime la producción de melatonina. La constante permanencia en ambientes con luz de un alto contenido de azul provoca un estrés hormonal constante, mientras que un contenido alto de rojo, como lo emiten las lámparas incandescentes y halógenas, tiene un efecto más bien tranquilizador y relajante.*

Esto vale igualmente para el trabajo ante las pantallas de las computadoras. Se hicieron estudios que reconocieron una influencia del metabolismo hormonal a causa de la luz azul que despiden las pantallas LED, que además trae problemas para dormir. Por ello, el Frauenhofer Institut para la economía del

---

* Spath/Bues/Braun/Stefani 2012

trabajo y organización (IAO) buscó una forma de construir pantallas que en el transcurso del día puedan variar su contenido de luz azul sin que se produzca una alteración de los colores.*

Si se toman en serio estos factores, surgen las preguntas:

- ¿Podría ser, que el aumento de enfermedades producidas por estrés, como presión alta, insomnio, enfermedades cardíacas, síndromes de agotamiento, diabetes, ADS y ADHS en niños, etc. tengan que ver tal vez con una mayor exposición a la luz azul de los artefactos lumínicos y con el uso de la PC durante muchas horas?

- ¿Existirá una conexión entre el vivir constante con estas lámparas de bajo consumo o LEDs y el aumento de la opacidad del cristalino (cataratas: aprox. 500.000 operaciones anuales) y maculopatías, por haber un estrés oxidativo permanente de los tejidos respectivos? Es interesante, que a los operados de cataratas y a los que padecen maculopatías se les aconseja usar lentes amarillos para filtrar la luz azul perjudicial.

---

* Stefani 2010

2 ASPECTOS DE LA CIENCIA ESPIRITUAL

2.1 EL ESTUDIO DE LAS FUERZAS FORMATIVAS, COMO UN MÉTODO CIENTÍFICO AMPLIADO

Existen diferentes puntos de vista para analizar los efectos de los artefactos de iluminación y la telefonía móvil.

El punto de vista más cercano a nosotros es la impresión personal: ¿cómo me gusta el objeto en cuanto a su función? ¿Afecta mi sentimiento? Y en caso afirmativo, ¿de qué manera? ¿Me siento cómodo con el mismo? Si bien toda persona que presta atención a algún objeto puede tener una percepción y expresarla, es una sensación personal que en la opinión pública no se registra demasiado porque es una opinión subjetiva. La percepción subjetiva tiene la mala fama de ser válida únicamente para la respectiva persona.

Solo es de interés público lo que se puede afianzar por estudios científicos. Éstos son aceptados como afirmaciones objetivas, pues llegan a sus conceptos por medio de mediciones y procedimientos matemáticos. Esto es correcto. Pero también hay que tener en cuenta que la objetividad científica solo permite declaraciones dentro de un ámbito físico-material. Es posible, por ejemplo, comprobar con mediciones que los aparatos de telefonía móvil (celulares) emiten una radiación de microondas de alta frecuencia que calientan ligeramente el cerebro. También se puede constatar físicamente, que una lámpara de bajo consumo está rodeada de campos electromagnéticos. Se trata aquí de realidades irrefutables y científicamente comprobable. ¿Pero qué significa esto con respecto al individuo con su sensación subjetiva y que se siente incómodo en la cercanía de un aparato electrónico?

Estos conocimientos objetivos se oponen directamente a las sensaciones subjetivas de una persona. Se abre un abismo que no se puede superar con los métodos conocidos. Los efectos en el organismo físico que se descubren técnicamente, y las así provocadas sensaciones humanas se enfrentan directamente.

Este abismo muestra, que aquí falta un puente entre los dos niveles. Esto es representado por el estudio de las fuerzas formativas, también llamadas fuerzas etéreas o etéricas. *

Estas fuerzas no son de una naturaleza física sino suprasensible. Por el uso acostumbrado de nuestras cualidades sensoriales humanas, en un primer momento no experimentamos estas fuerzas. Sin embargo, existen diferentes posibilidades para percibir las fuerzas etéricas o formativas.

La metodología en la cual se basan las siguientes descripciones y esquemas, consiste en dirigir, con mucha concentración, la mirada atenta hacia el fenómeno a observar, y atenuarla simultáneamente para no quedar atascado en el plano sensorial manifiesto. En el próximo paso se integran al campo visual fuerzas mentales de gran concentración – que normalmente son retenidas por el juicio inmediato, la descripción o definición del fenómeno – en forma de fuerzas libres de la conciencia.

También se puede describir de otro modo esta metodología para llegar a percibir las fuerzas formativas. A través de ejer-

---

* Sin embargo, éstas no tienen nada que ver con el éter hipotético de la física, aunque los nombres sean similares. Más acerca de este tema véase por ejemplo: Steiner, GA 009; Steiner, GA 013; Bockemühl 1977; Strube 2010; Schmidt 2010

cicios de concentración y meditación se puede fortalecer el pensamiento propio de tal manera que sea capaz de abstenerse de la actividad propia, y al mismo tiempo dirigirse con plena conciencia a una percepción. Este pensar apaciguado, pero igualmente despierto, se transforma en una especie de "órgano sensorial" para aquello que actúa como fuerzas formativas en la percepción que se contempla.

De esta manera se puede descubrir la nueva dimensión espacial de las fuerzas etéricas o formativas. En lugar de las realidades materiales se manifiestan dinámicas y fenómenos que permanecen ocultas en el plano físico-sensorial de la percepción. Rudolf Steiner lo describe así:

> "...que lo espiritual es algo real concreto, que allí donde existe materia para los sentidos externos del hombre, el espíritu no solo invade y atraviesa esa materia sino que finalmente desaparece de la verdadera mirada humana todo lo material, si ésta es capaz de penetrar a través de lo material hacia lo espiritual." *

Uno de los dos autores posee la capacidad para experimentar este tipo de percepciones, las que utiliza también en su trabajo como terapeuta.

Con este método se pueden observar directamente las cualidades de las fuerzas formativas.** Cuando se hacen "visibles" las fuerzas formativas, aparecen al observador como un organismo que respira, móvil y fluyente en sí mismo, que todo lo compenetra y actúa en todo lo viviente. A la mirada suprasensible se manifiestan fenómenos que conocemos del agua: formas ondeadas, presión, flujo, estancamiento, abundancia, vacío, contracción, expansión. Pero asimismo pueden percibirse las cualidades internas, por ejemplo cualidades químicas y de colores.

---

* Steiner: GA 238, S.12
** Un posible camino está descripto en: Rudolf Steiner, GA 010; también en: Schmidt 2010 in Anknüpfung an Steiner, GA 004

Sin la eficacia de las fuerzas formativas no serían imaginables ni posibles los procesos vitales. Se oponen totalmente a las fuerzas de la gravedad (gravitas), y hacen que todo lo viviente pueda elevarse a la liviandad (levitas). Las fuerzas vitales se sustraen del peso de la materia. Según su origen, provienen de la esfera solar que rodea la tierra. De allí vienen las fuerzas que renuevan, forman, plasman y transforman.

En el organismo humano, el agua (aprox. 75% del peso corporal de una persona) y el tejido conectivo son los portadores directos del cuerpo formativo o etérico.

Sería muy parcial imaginarse el agua sensorio-manifiesta solo como un medio físico fluyente. Toda agua siempre está compenetrada de fuerzas formativas. Éstas pueden compararse con un agua espiritual o una forma espiritual del agua que ocupa todos los espacios. Esta agua espiritual es, al mismo tiempo, portadora de una interioridad que puede caracterizarse como palabras, idioma, sonidos cósmicos. Esto proviene del mundo espiritual de las ideas. Las fuerzas formativas no son una masa sin estructura, están formadas por cualidades interiores que pueden percibirse por medio de la imaginación como cualidades del sonido.

Todo ser terrenal acogió en su interior esta agua impregnada de espíritu, y con ella plasma su corporalidad. En esta agua se percibe un sonido particular, una palabra, un idioma individual. El organismo etérico de cada ser suena muy individualizado. Las fuerzas formativas que plasman el cuerpo etérico o vital en un organismo viviente, proporcionan todos los procesos biológicos de estructuración y crecimiento.

Las fuerzas formativas oscilan en nuestro cuerpo etérico en una sustancia que es similar, condensada y análoga a éste: es el cuerpo acuoso del ser humano.

Lo acuoso es el mediador directo entre el mundo sonoro del éter (éter sonoro) y la forma vital, condensada físicamente. Ante el ojo espiritual aparece como una luz crepuscular o un espacio con neblina que se concentra más en algunas partes y se diluye en otras. Allí donde las fuerzas formadoras resuenan y oscilan en la neblina concentrada, se crean cualidades anímicas en forma de percepciones de color o bien sensaciones sonoras.

A través de la percepción exacta de las fuerzas formativas, el observador ejercitado puede describir efectos y modificaciones inmediatas que escapan tanto a la observación de la ciencia limitada al fenómeno material, como también a la sensación subjetiva.

* * *

Seguidamente trataremos de describir en palabras, las cualidades y dinámicas de los fenómenos que se presentan en la consciente percepción suprasensible del espacio etérico. Para ello habrá que considerar la dificultad de expresar en palabras lo contemplado en el ámbito suprasensible, tratándose de conceptos tomados del mundo físico-sensorial manifiesto. El problema está en que uno llega a figurarse demasiado rígido, intelectual-analítico las cosas que, por su esencia, se hallan totalmente en un medio viviente, dinámico de continuo cambio.

Lo más sensato es, dejar que resuenen en nosotros figurativamente estas descripciones, para así permitir que se desarrollen imágenes interiores.

El espacio etérico se encuentra en todo nuestro derredor, al igual que en el plano físico, por ejemplo, cada célula del cuerpo humano está compenetrada, bañada y rodeada de agua. Los fenómenos visibles en el espacio etérico se parecen, en cuanto a sus cualidades, a los cuatro elementos tierra, agua, aire y calor/luz.

Imaginémonos un típico día de otoño con su neblina matutina que se expande cual un velo ante nuestros ojos, imposibilitando distinguir bien los objetos concretos. Es como mirar a la nada, pero al mismo tiempo dentro de un espacio que parece infinito.

Si esta neblina se aparece *terrenal*, dejará una impresión oscura, compactada, pesada, vaporosa.

Cuando se acerca más a lo *acuoso*, esta neblina tendrá algo fluyente, movedizo, claro, que se expande más.

En el estado del *aire* podríamos vivenciar en la neblina cómo se elevan las gotas de agua, cómo se mueven intensamente formando remolinos.

Cuando esta neblina es invadida por el *calor*, se puede vivenciar la fuerza ascendente, la gran dilatación, la tendencia a evaporarse. Podría observarse en la neblina que aquí se entremezclan fuerzas calóricas.

Cuando penetran los rayos de luz, hay dos posibilidades: si la luz invade el espacio nebuloso en forma difusa, todo se iluminará formando un vaho compenetrado de luz, en el que tal vez se puedan reconocer también elementos de color.

Si al contrario, la luz toca la nebulosidad con un rayo solar, no se ilumina todo ese espacio sino solo ese rayo que permite vivenciar algo cristalino, formativo, como si distintos cristales de roca se iluminaran por separado.

Todos estos fenómenos descriptos pueden mezclarse en la vivencia real de lo etérico, o pueden aparecer en la "pantalla nebulosa" diferentes espacios de estas cualidades, cuando uno está parado, por ejemplo, en una extensa pradera.

La mirada al espacio etérico en sí no manifiesta colores, a menos que también aparezcan cualidades anímico-astrales. Entonces, según la cualidad, pueden manifestarse todos los matices espectrales que, por su intensidad, pueden ser desde insinuados hasta discretos.

Los colores en los dibujos más abajo sirven para mostrar claramente las cualidades y dinámicas etéricas, que por su naturaleza no se evidencian coloreadas, o solo muy tenues, para poder diferenciarlos mejor. Además se necesitaban colores intensos para poder imprimirlos bien.

Esto trae como consecuencia que los dibujos pueden mostrar una ilustración clara y abstracta por un lado, y por el otro, resultan bastante rústicos y pierden su carácter original vivo y dinámico.

* * *

El sentido de los dibujos es hacer entendible para el espectador las cualidades del espacio etérico con sus movimientos, de tal manera que pueda formarse una representación inicial. La finalidad es, transmitir la impresión de que *todo* obra en nosotros. Aunque no podamos registrar inmediatamente los efectos en nuestro cuerpo, siempre están en el espacio etérico suprasensible.

Se explicará cada dibujo con respecto a los fenómenos etéricos. En este contexto se desistió de interpretar los fenómenos para evitar la posibilidad de especulaciones o hipótesis. Pero cada persona está libre para intentar una interpretación propia, a partir de sus reflexiones sobre lo descrito.

Sobre esta base ya se pueden hacer declaraciones, mostrando cómo se relacionan las lámparas de bajo consumo y los aparatos de telefonía móvil con el organismo viviente, para así posibilitar un mayor entendimiento de las conexiones.

2.2 EL EFECTO DE DIFERENTES MEDIOS DE ILUMINACIÓN SOBRE EL ENTORNO ETÉRICO

Cada ambiente posee su propia composición etérica que se ve influenciada tanto por la geometría del ambiente, como por las personas y los aparatos que operan en el mismo. Hay ambientes con mucho éter lumínico y poco éter aéreo y acuoso; otros parecen más bien densos, con un pesado éter acuoso y poco éter lumínico.

Si se observan etéricamente las lámparas incandescentes, con su espectro similar a la luz solar, se ve que irradian mucho éter lumínico y éter calórico. A través de estas fuerzas traen un impulso al ambiente que se impone a las fuerzas perturbadoras (electrosmog) y casi no influye en la calidad del ambiente.

Esto es completamente diferente en las lámparas de bajo consumo. Éstas disgregan la composición etérica del ambiente. La estructura de las fuerzas formativas se ve muy oscurecida, en una parte, y a menudo parece un espejo roto, como si se lo hubiera golpeado con un martillo y se desintegra en miles de pequeños aspectos. Entonces la estructura de las fuerzas formativas del ambiente ya no es un todo viviente, obrando armónicamente, sino que está quebrada en muchos fragmentos.

Gráfico 7: Fuerzas formativas en el entorno de la lámpara incandescente: Desde el cuerpo de la lámpara se extiende, en forma de ondas, éter calórico hacia el espacio circundante. También es el punto de partida del éter lumínico, que irradia en forma de espiral. Las fuerzas electromagnéticas alrededor del cable casi desaparecen, ya que son succionadas al interior del cuerpo de la lámpara. En la zona del filamento incandescente aparece un espacio interior hueco y oscurecido.

Dibujo: Jens-Hagen Karow

El fuerte electromagnetismo de las lámparas de bajo consumo y la cualidad de la luz hacen que se endurezca lo etérico de un ambiente y lo disgregan dramáticamente. En el uso de las lámparas LED también se observa el mismo efecto destructivo en las cualidades etéricas del ambiente.

Este efecto destructivo se continúa en todo lo que se halla en el ambiente. Si por ejemplo se ilumina una leche fresca de *Demeter* con la luz de una lámpara de bajo consumo, pasado un breve tiempo de acción sobre la leche, ésta es destruida completamente en su composición etérica armoniosa, vale decir, está muerta.*

En la percepción etérica se manifiesta también, que las lámparas de bajo consumo de la nueva generación tienen un efecto marcadamente más agresivo que sus modelos precursores, a pesar de que la calidad lumínica parece haber mejorado.

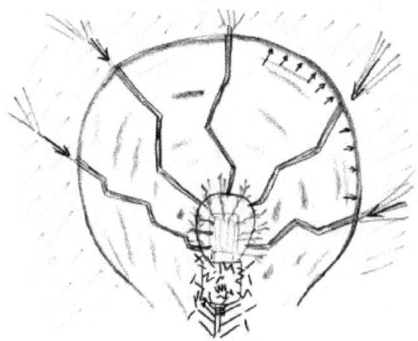

Gráfico 8: Fuerzas formativas en el entorno de la lámpara de bajo consumo:

Se forma un entorno etérico rígido. La luz del cuerpo de iluminación empuja al éter lumínico y calórico desde adentro hacia fuera, lo desplaza. Se forma una capa oscura y limitadora hacia fuera, oscureciéndose el espacio interior. El éter calórico del ambiente circundante es succionado, por vías separadas, desde afuera hacia el interior de la lámpara. En el gas en el interior de la lámpara se pueden reconocer fuerzas encerradas, tensas, En el portalámpara se compactan intensas fuerzas eléctricas infrasensibles.

Dibujo: Jens-Hagen Karow

Resumiendo con agudeza: las lámparas incandescentes producen luz a favor del hombre. Las lámparas de bajo consumo y LED brindan luz por gusto propio. La luz resulta ser, para las mismas, un mero producto derivado. Los procesos en el ámbito

---

* En un trabajo grupal de investigación de varios años para estudiar las fuerzas formativas, esto pudo ser comprobado en muchos otros ejemplos. El resultado fue unívoco: la luz de las lámparas de bajo consumo y de lámparas LED tiene un efecto destructivo a nivel de las fuerzas formativas.

de las fuerzas formativas son también una expresión de los seres anímico-espirituales que obran en ellos, y que se manifiestan en ese ámbito en todas partes donde hay estructuras que se disuelven y evaporan, o al contrario, se compactan y esclerotizan. Estos seres se denominan en la antroposofía *seres luciféricos*, o bien ahrimánicos. Podríamos decir, que estos seres se ubican detrás de las dos antípodas de la vida: el disolver y el solidificar. Una vida sana es capaz de establecer un equilibrio entre estas polaridades y mantener la armonía entre la disolución y la esclerotización. Observando el vivo equilibrio, pueden manifestarse también otros seres, que podemos denominar ángeles.

Gráfico 9: Fuerzas formativas en el entorno de una lámpara LED: Inmediatamente se forma un entorno etérico rígido. En el "espacio luminoso" de la lámpara LED se puede reconocer a un ser ahrimánico; éste se estructura cada vez más en el espacio y crece en tamaño. Alrededor de la fuente de luz se nota una rigidez extrema, que dirige sus "espinas" defensoras hacia fuera.

Dibujo: Jens-Hagen Karow

Al contemplar las lámparas de bajo consumo, se puede reconocer que en su luz se manifiestan seres ahrimánicos en el ambiente. Éstos endurecen y destruyen allí la estructura de las fuerzas formativas saludables para el ser humano, y estorban la capacidad de percepción espiritual.

Lo esencial es, que a través de las lámparas de bajo consumo se manifiestan seres ahrimánicos en el ambiente, destruyendo allí las estructuras de las fuerzas formativas saludables, y estorbando la capacidad de percepción espiritual. Pues en un ambiente iluminado con lámparas de bajo consumo se hace muy difícil la percepción etérica, por lo menos para la contemplación imaginativa.

Podemos prestar atención conscientemente cómo cambió el sonido de la música durante los conciertos en iglesias o en otros espacios, luego de haberse cambiado la iluminación por lámparas de bajo consumo. Un ambiente iluminado con estas lámparas supuestamente ecológicas, se ha vuelto un ambiente "no crístico". Donde antes se podían manifestar los ángeles, a veces se puede sentir la presencia apropiadora de seres ahrimánicos. De la misma manera que una persona no puede sobrevivir sin oxígeno, es muy difícil para los seres angelicales imponerse en un espacio etérico paralizado por fuerzas ahrimánicas.

* * *

Otra aplicación concreta del estudio de las fuerzas formativas es investigar la calidad de los alimentos. Seguidamente se presentarán como ejemplo dos alimentos, cuya excelente calidad pudo ser confirmada. En un caso se trata de agua de manantial de primera calidad y en el otro, de leche de vaca fresca, de calidad "Demeter".

Agua medicinal "St. Leonhard", vertido de la botella a un vaso

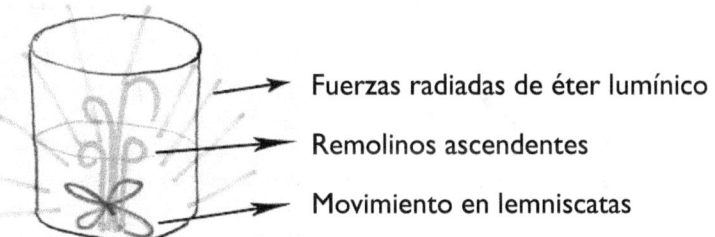

Gráfico 10 a: antes del "tratamiento con luz".
En el fondo del vaso se ven movimientos vivos en lemniscatas, de cuyo centro suben remolinos como una fuente. Alrededor se observan fuerzas radiadas de éter lumínico.

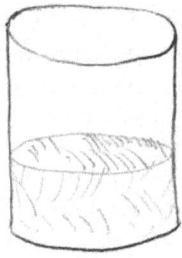
— turbio, oscuro, denso

— no se percibe dinámica

Gráfico 10 b: Luego de algunos minutos de exposición a la luz de una lámpara de bajo consumo, ubicada a una distancia de 50 cm. El agua parece turbia, oscura, más densa, ya no se perciben dinámicas.

Dibujos: Jens-Hagen Karow

Ambos productos fueron expuestos durante pocos minutos a una fuente de luz de una lámpara de bajo consumo y seguidamente analizados. Los resultados dan que pensar, también en vista a lo que puede significar a largo plazo para el organismo humano.

Leche Demeter de la granja Dottenfeld

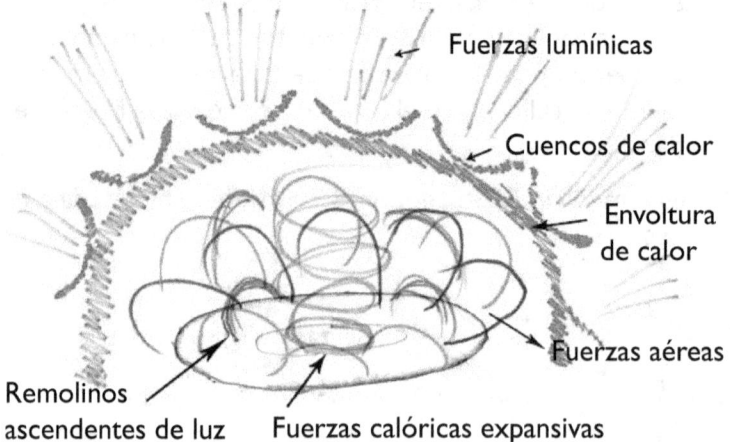

Gráfico 11 a: antes del "tratamiento con luz".
Se puede vivenciar la prueba de leche como una composición multifacética; del plato ascienden nubes de éter calórico, lumínico y aéreo. Una envoltura de calor cubre el entorno como una campana. Sobre la envoltura de calor se encuentran "cuencos" de fuerzas calóricas que colectan fuerzas lumínicas.

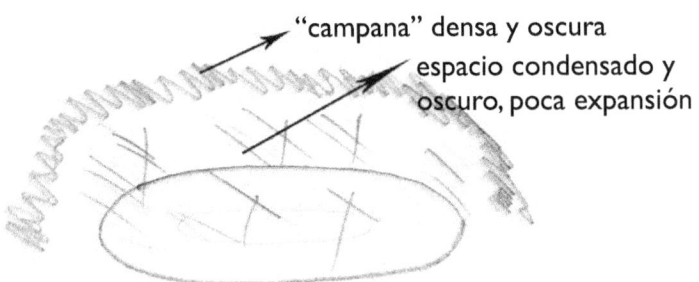

Gráfico 11 b: Después del "tratamiento con luz" durante pocos minutos con una lámpara de bajo consumo, situada a unos 50 cm de distancia. La dinámica viviente se puso rígida, bajo la "campana" oscura se halla un espacio oscuro y denso, con poca fuerza de expansión.

Dibujos: Jens-Hagen Karow

Si nos queda claro todo esto, podríamos preguntarnos: ¿es casual, o acaso la obligación de usar las lámparas de bajo consumo tienen otro motivo oculto que no es solo ahorrar energía? A esto le podemos agregar el hecho de que las lámparas de bajo consumo fueron impuestas por fuerza de ley a las personas (en Alemania), lo que – dicho al margen –no muestra de su mejor lado a nuestra democracia.

(N.T. La expresión literal en alemán significa, que proyecta una luz torcida sobre la democracia).

TELEFONÍA MÓVIL

3 TELEFONÍA MÓVIL

A comienzos de julio del 2012, la telefonía móvil digital festejó su vigésimo aniversario* − casi increíble, dada su difusión mundial. A fines de 1922 solo había unos cientos de miles de participantes y en 2012, solamente en Alemania se registraron alrededor de 113 millones de teléfonos móviles (celulares);** a nivel mundial eran 6,4 mil millones.*** Merece gran respeto la obra magistral de proveer, en solo dos decenios, a casi toda la humanidad de un pequeño aparato móvil que es capaz de conectarse con todos los otros aparatos en el mundo. No se fabricaron únicamente aparatos pequeños, sino que también había que instalar las centrales de datos integradas a la red. Además de esto, siguió desarrollándose la tecnología correspondiente, a las dos redes D pronto se agregaron las redes E. La red más veloz de UMTS (**U**niversal **M**obile **T**elecommunications **S**ystem) dio mucho que hablar en el verano del 2000.**** En la actualidad se está solicitando la red LTE (**L**ong

---

* http://www.focus.de/digital/handy/mobilfunkgeschichte/tid-26326/20-jahre-digitales-mobilfunk-vom-knochen-zum-smartphone_aid_771322.html
** http://de.statista.com/statistik/daten/studie/3907/umfrage/mobilfunkanschluesse-in-deutschland/
*** http:// de.statista.com/statistik/daten/studie/2995/umfrage/entwicklung-der-weltweiten-mobilfunkteilnehmer-seit-1993/
**** En el verano 2000 se realizó la subasta entre siete participantes de las licencias para doce bloques de frecuencias, por la que Alemania recaudó alrededor de 100 mil millones de marcos, a favor del presupuesto nacional. http://de.wikipedia.org/wiki/versteigerung_der_UMTS-Lizenzen_in_Deutsland http://de.wikipedia.org/wiki/Universal_Mobile_Telecommunications_System

Term **E**volution).* La policía, los servicios de asistencia pública (socorro) y los bomberos están modificando su radiocomunicación interna, adaptándola a la red digital TETRA (**T**errestrial **T**runked **R**adio).** Están en elaboración técnicas de transmisión aún más veloces. ***

* * *

Originariamente, el celular servía solamente para posibilitar la telefonía móvil de persona a persona. Entretanto, el celular llegó a mostrar su verdadero potencial: comunicar a la persona constantemente con el internet. A través de la telefonía móvil, el Internet está omnipresente. Nos arremete, literalmente. Google, por ejemplo, desarrolló unos anteojos ("Google Glass"), que tienen incorporados un mini-smartphone controlado por la voz, y partiendo de las percepciones en la vida real, permanentemente puede dar informaciones del Internet, que son reflejadas en la parte interna de los lentes. La realidad de una persona que usa estos lentes se amplía, por su virtualidad, hacia una nueva percepción del mundo, a una "augmented reality". ****

El aparato de telefonía móvil (celular) se transformó en un aparato universal, y para muchas personas es un acompañante indispensable. Los modelos más avanzados ya comienzan a "hablar" con la persona. ***** La fascinación de estas posibilidades técnicas – que nos recuerda a las capacidades mágicas de los tiempos antiguos – hace sucumbir a casi toda la huma-

---

* http://lte-discounter.de/, http://de.wikipedia.org/wiki/Long_Term_Evolution
** http://www.bdbos.bund.de/cin_340/nn_1649158/DE/Bundesanstalt/Projekt_Digitalfunk/projekt_digitalfunk_node.html?_nnn=true
*** LTE-Advanced, véase por ej: http://www.de.wikipedia.org/wiki/LTE-Advanced
**** http://www.google.com/glass/start/, http://www.netzwelt.de/computer/google-glasses.html
***** http://www.apple.com/de/ios/siri/siri-faq/

nidad. Las consecuencias negativas del desarrollo hasta hoy día, no se consideran mayormente. En tres niveles se pueden evidenciar evoluciones, en parte fatales:

- Problemas de salud
- Cambios psico-sociales
- Amenazas político-sociales

Hace años que ya se escuchan serias advertencias al respecto, pero que en la mayoría se pierden sin ser escuchados, o que son oprimidas o atacadas con vehemencia por grupos de interés.

3.1 CUESTIONES Y RIESGOS DE NUESTRA SALUD FÍSICA

Algunos ejemplos de la vida diaria pueden ilustrar los efectos de las radiaciones de los teléfonos móviles. Ernst A., mediando los cincuenta años, se pregunta por qué a las mañanas no se despierta descansado y fresco, sino que sigue sintiéndose cansado, sí, hasta agotado físicamente. Luego de dormir en otra habitación, por razones externas, notó con sorpresa que a la mañana siguiente se despertó tan descansado y recuperado como en los años pasados. ¿Podría ser acaso por las radiaciones de la antena de telefonía móvil que habían instalado cerca de su casa? Su vecina ya había gastado mucho dinero para proteger su casa contra las radiaciones. Ernst consiguió un aparato medidor de frecuencias altas, y comprobó que allí donde había podido descansar bien, la intensidad de las radiaciones de alta frecuencia era muy baja, mientras que en el lugar donde solía despertarse agotado, era más de veinte veces mayor.

Sabine B. es una alumna de 6º grado. Cuenta que cada vez que sus padres usan el celular en el auto, le comienza a doler la cabeza y que poco después de la llamada vuelve a desaparecer.

Klaus C., 17 años, un fanático de la tecnología, posee varias computadoras que tecnológicamente están siempre actualizadas, pero no tiene celular ni piensa adquirir uno:

> *"si hablo algunos minutos por celular, siento un calor desagradable detrás de la oreja."*

También solía tener dolor de cabeza leve si cerca de él había aparatos que comenzaban a emitir.

Una médica se compró un teléfono inalámbrico para su casa, pensando que era completamente inocuo para la salud. Alrededor de un año más tarde comenzaron a aparecer los síntomas de un síndrome de estrés, que se manifestaba como estado de agotamiento, diarreas y crisis de presión sanguínea en forma de ataques. Se sumaron trastornos del sueño. Un gran número de estudios y exámenes, incluso una internación, no mostraron algún indicio de una enfermedad orgánica. A partir de una sugerencia, pero sin creer en un resultado positivo, cambió la estación de base de su teléfono DECT a un ambiente dos pisos más abajo. Para su gran sorpresa, todas sus molestias cesaron en el lapso de pocas semanas. Su comentario como médica fue:

> *"retrospectivamente, puedo interpretar los trastornos que tuve como el colapso de todas las funciones vegetativas, a causa de influencias estresantes prolongadas. Durante todo el año que estuve bajo la influencia de la estación base del teléfono no llegué a tener una fase de sueño profundo para que el cuerpo pudiera restablecerse realmente."* *

Todos estos afectados pertenecen al grupo de personas que de alguna forma sienten los campos electromagnéticos, normalmente no perceptibles – y lo sienten de una manera desagradable.** Ellos sienten algo que muchos no perciben conscientemente, pero que concierne a todos, pues estamos

---

* Vogt-Heeren 2005
** Más descripciones de casos se pueden ver en: http://www.diagnose-funk.org/

todos impregnados y por ende influenciados por campos electromagnéticos de las más diversas frecuencias.

3.2. ¿QUÉ SON LOS CAMPOS ELECTROMAGNÉTICOS?

Campos electromagnéticos – para formularlo de manera simple – no son otra cosa que una combinación de campos eléctricos y magnéticos.

El ejemplo más simple de un campo eléctrico lo conocemos de la escuela: una regla de plástico se frota con un paño. En cuanto se quita el paño de la regla, ésta atrae trocitos de papel. En el experimento de la escuela muchas veces se muestra una esfera de metal que se carga eléctricamente y que puede atraer hacia sí otra esfera metálica con carga contraria. Cuando se acercan las dos esferas, generalmente se produce una chispa de descarga, luego cesa la atracción. Entre la primera esfera y la segunda, evidentemente existe un estado de tensión que tiende a la compensación. Se habla de un campo eléctrico que se produce entre las dos cargas eléctricas contrarias. También se produce un campo eléctrico si en vez de dos esferas se colocan, enfrentadas, dos láminas metálicas con carga eléctrica contraria. De esta manera se obtiene lo que se llama un condensador.

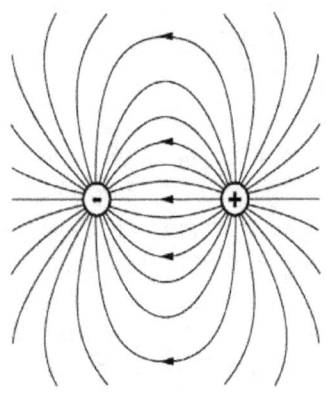

Imagen 1: El campo electromagnético entre dos cargas opuestas.

(Dibujo: Andrea Proffitt-Sitter)

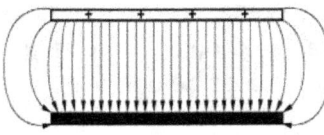

Imagen 2: El campo eléctrico homogéneo de un condensador.

(Dibujo: Andrea Proffitt-Sitter)

Cada vez que dos cargas contrarias (positiva y negativa) están enfrentadas, se produce un campo eléctrico entre las mismas, hay una tensión.* Cuando se compensan las cargas y desaparece el campo eléctrico, significa que circula corriente eléctrica.** Si por ejemplo, con un cable se pone en cortocircuito un condensador con carga eléctrica, entonces fluye una corriente, y alrededor del cable se genera un campo magnético. Los campos eléctricos y magnéticos son muy diferentes cualitativamente, sin embargo están muy relacionados:

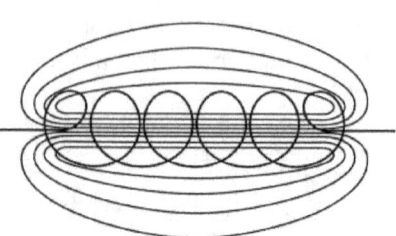

Imagen 3: el campo magnético de una bobina por la que circula corriente.

(Dibujo: Andrea Proffitt-Sitter)

- Cuando circula corriente eléctrica a través de un cable, se forma un campo magnético circular alrededor del cable. Si este cable con corriente eléctrica es enrollado formando una bobina, el campo eléctrico se concentra en el espacio y se crea un electroimán.

- A la inversa, en una bobina se genera corriente eléctrica, cuando esta bobina está cargada con un campo magnético variable, por ejemplo, a través de una barra imantada en movimiento.***

Es decir, ni bien se modifican de alguna manera los campos eléctricos y magnéticos, ya sea espacial o temporalmente, se

---

* La tensión eléctrica se mide en Voltios (V)
** La corriente eléctrica se mide en Ampère (A)
*** El campo magnético en movimiento induce en la bobina una tensión eléctrica. Se observa un efecto similar al de la inercia. Es descripto por la regla de Lenz: una corriente producida por la tensión de inducción siempre está dirigido de tal manera, que su campo magnético actúa en sentido inverso al proceso que genera la tensión

generan mutuamente. Esto se puede observar claramente en el llamado circuito oscilante.

3.2.1 EL CIRCUITO OSCILANTE – BASE DE LA TELEFONÍA MÓVIL

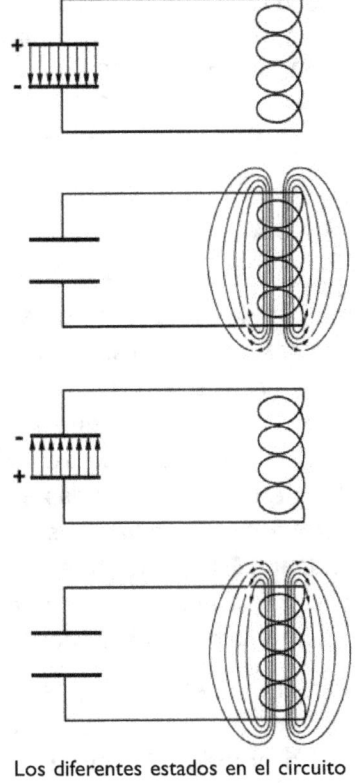

Los diferentes estados en el circuito oscilante.

(Dibujo: Andrea Proffitt-Sitter)

Si se conectan una bobina y un condensador dentro de un circuito eléctrico, se obtiene una disposición en la que se producen alternadamente campos eléctricos y magnéticos en un ciclo determinado. En el caso de que el condensador recibe la carga a través de una batería externa, se produce en primer lugar entre sus láminas un campo eléctrico (1). Este campo se descarga a través de la bobina – eso significa que circula corriente: en la bobina se crea un campo magnético (2). Cuando el condensador está descargado y, por consiguiente, disminuye la corriente eléctrica, se quiebra el campo magnético. Por medio de la autoinducción la bobina deja que siga circulando la corriente y vuelve a cargar el condensador con una polaridad inversa: en el condensador se genera nuevamente un campo eléctrico (3). A continuación comienza el proceso en dirección contraria (4). Con la ayuda de un oscilógrafo se puede observar con exactitud este curso oscilante.

La velocidad de esta oscilación depende de la condición del condensador y de la bobina. Se pueden instalar circuitos oscilantes que oscilan de 1-2 veces por segundo (1-2 Hz), pero también otros que oscilan varios millones, hasta más de mil millones de veces por segundo.

1 Hertz: 1 Hz = una oscilación por minuto				
1 Kilohertz:	1 kHz	= 1000 Hz	=	10^3 Hz
1 Megahertz:	1 MHz	= 1000 kHz	=	10^6 Hz
1 Gigahertz:	1 GHz	= 1000 MHz	=	10^9 Hz
1 Terahertz:	1 THz	= 1000 GHz	=	10^{12} Hz

3.2.2 La antena

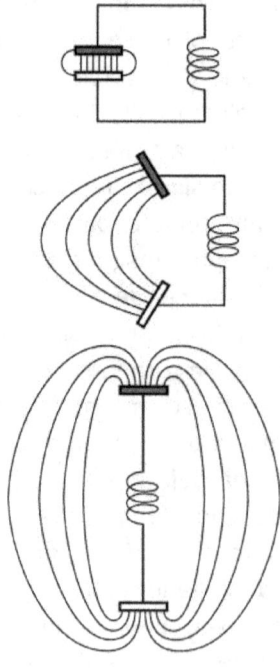

(Dibujo: Andrea Proffitt-Sitter)

Si en el círculo oscilante se separan las láminas del condensador, obtenemos una antena. Los campos magnéticos y eléctricos que alternan constantemente – sobre todo con frecuencias más elevadas – comienzan a emitir hacia el espacio circundante. Este campo alternante que se irradia al espacio se denomina campo electromagnético.

Los campos electromagnéticos de alta frecuencia pueden hacer puente a grandes distancias. Por eso son sumamente útiles para transmitir mensajes.

Estos campos que oscilan en alta frecuencia son moduladas por el aparato emisor en el ritmo de las oscilaciones sonoras de baja frecuencia, de la voz hablada, la música, etc. En el aparato receptor solo se necesita otra antena más y un segundo círculo oscilante que esté ajustado a la misma frecuencia que el campo electromagnético irradiado. Esto constituye la condición fundamental para la radio, la televisión y la telefonía móvil. Pues la onda electromagnética induce en la antena receptora una corriente que, ante la resonancia, estimula el circuito oscilante conectado para entrar en oscilación. Mediante conexiones electrónicas se pueden hacer audibles nuevamente las oscilaciones sonoras que se habían "estampado" sobre la onda electromagnética emitida.

Onda larga (LW):	30 – 300 kHz	Radio
Onda media (MW):	300 – 3000 kHz	Radio
Onda corta (SW):	3 – 30 MHz	Radio
Onda ultracorta (USW):	30 – 300 MHz	Radio y televisión
Onda decimétrica (UHF):	0,3 – 3 GHz	Televisión y telefonía móvil
Onda centimétrica (SHF):	3 – 30 GHz	Radares
Onda milimétrica (EHF):	30 – 300 GHz	

El conjunto de las ondas UHF (ultra-high-frecuency), SHF (super-high-frecuency) y EHF (extremely-high-frecuency), se denomina gama de microondas.

(N.T.: Las abreviaciones están todas en inglés: LW (long wave), MW (medium wave), SW (short wave) y USW (ultrashort wave).

3.3 EL SER HUMANO EN EL CAMPO ELECTROMAGNÉTICO

El cuerpo humano está rodeado de campos eléctricos autogenerados y atravesado por corrientes mínimas. Es posible medir estas corrientes y utilizarlas como medios diagnósticos. Por ejemplo, con el ECG * se mide la electricidad que aparece en el corazón, y con el EEC ** la del cerebro. Estas corrientes po-

---

* ECG = Electrocardiograma
** EEG = Electroencéfalograma

seen determinados cursos rítmicos que se modifican en casos de enfermedad.

En el cuerpo humano también se detectan cualidades magnéticas muy leves. Por ello se puede influir en el cuerpo (principalmente sobre los compuestos de hidrógeno y carbono) mediante campos magnéticos potentes, y a raíz de la resonancia a ese efecto se puede saber algo sobre la estructuración del cuerpo. En esto se basa la resonancia magnética

Dado que el cuerpo humano posee características de conducción eléctrica, pueden tener efecto en él los campos magnéticos generados artificialmente. El hombre no es solamente una parte del medio ambiente visible, en el que respira y del cual se proporciona su alimento, sino que también está influenciado por los campos naturales invisibles, y ante todo, por los campos electromagnéticos artificiales de su entorno.

Basta con encender una pequeña radio portátil y estirar su antena, para notar que estamos rodeados y compenetrados día y noche por ondas electromagnéticas generadas por la tecnología.

Aunque esto ya existe desde hace más de un siglo, seguimos sabiendo poco sobre sus relaciones. El planteamiento de los métodos de diagnóstico y terapia que trabajan en el ambiente biológico más sutil de la medicina, señalan cada vez más hacia las relaciones entre los múltiples campos electromagnéticos que nos rodean y el cuerpo humano.

Todos los seres vivos se comportan como antenas, es decir, que absorben – según la frecuencia – energía más o menos intensa de los campos electromagnéticos que los compenetran. Esto afecta la salud del respectivo organismo. Desde hace muchas décadas ya se tiene conocimiento de que pueden aparecer con mayor frecuencia problemas de salud en las cercanías de potentes emisoras de radio. Hubo un caso en Suiza, que en su momento llamó mucho la atención. Una emisora de ondas cortas, *Schwarzenburg,* cerca de Berna, emitía con una radiación muy intensa para difundir las noticias de la emisora SRI (radio suiza internacional) a través de miles de kilómetros a todo el mundo.* Esta emisora, creada en 1939, intensificó en los años 1954 y luego en 1971 notablemente su capacidad emisora. Desde comienzos de los años 70 aumentó la cantidad de quejas de la gente vecina a la emisora, por problemas de salud: comparado con otros lugares, la frecuencia de trastornos del sueño era cinco veces más alta, y se diagnosticaron problemas vegetativos, como nerviosismo, mareo, cansancio, dolores de cabeza y reumáticos. También había más casos de estados depresivos, y las enfermedades de cáncer eran tres veces mayor que en otras localidades. Además, en el bosque lindante a la emisora, que soportaba la mayor carga de campos electromagnéticos, se pudo comprobar que en varias hectáreas había serios daños forestales. A raíz de una fuerte demanda de las iniciativas populares fue interrumpida la emisora en 1998.** Los síntomas fueron disminuyendo en la población aledaña. ***

En estudios hechos en los años 30 y 40 del siglo XX ya observaron que pueden aparecer trastornos de salud a causa de los campos electromagnéticos de alta frecuencia.**** Los campos de extrema frecuencia alta, que en aquel momento solo se utilizaban en estaciones de radares, y que hoy se usan en la telefonía móvil, mostraban consecuencias críticas de salud; tampoco se tomaron las suficientes medidas para proteger de los rayos X a los técnicos expuestos a las radiaciones.*****

---

* http://www.sarganserland-walensee.ch/radio_tv_historisch/AM_Sender/kurzwellensender-schwarzenburg.html
** Maes 2005, S.467f; Scheiner/Scheiner 2006, S.197 ff; http://www.buergerwelle.de/doc/aktuell/zeitg14.htm
*** http://www.gigaherz.ch/gesundheit-nach-abbruch-des-kurzwellensender-schwarzenburg/
**** http://www.iddd.de/umtsno/+WarnkeManusBamb2.pdf
***** http://de.wikipedia.org/wiki/Gesundheitsschäden_durch_militärische_Radaranlagen

Hasta 1992, la carga para la población, proveniente de las emisoras o estaciones de radar, se daba solo en lugares específicos. Del entorno de otras emisoras de radio apenas se escuchaban quejas. Recién con la telefonía móvil digitalizada, cuando comenzaron a expandirse en áreas pobladas, mundialmente se hablaba cada vez más sobre problemas de salud, los que se pueden reunir bajo el concepto de "síndrome de las microondas". *

- Trastornos del sueño reparador, como uno de los síntomas principales
- Agotamiento; ya a la mañana, cuando se levantan las personas, se sienten cansadas y extenuadas
- Cefaleas
- Mareos, zumbido de oídos
- Nerviosismo, intranquilidad interior e irritabilidad
- Pérdida de apetito y náuseas
- Indisposición y tendencias depresivas, en el sentido de una depresión por extenuación
- Problemas de concentración y pérdida de la memoria, sobre todo la memoria corta.
- Trastornos de aprendizaje y de conducta en los niños
- Problemas cardio-circulatorios, como arritmias, presión alta, etc.

Todos estos síntomas pueden ser provocados por campos electromagnéticos de frecuencia alta potente. En la tecnología de la telefonía móvil, sin embargo, se utilizan – en comparación con los comienzos de la radiotecnología – métodos completamente nuevos para la transmisión de datos, de los que se sos-

---

* Scheine/Scheine 2006, S.85ff

pecha que agravan aun más los problemas de salud ocasionados por la radiación electromagnética.

3.4. CUATRO GENERACIONES DE TELEFONÍA MÓVIL EN 20 AÑOS

Con la introducción del LTE-estándar* para la telefonía móvil aparece en el mercado el precursor de la cuarta generación. La primera generación del sistema de telefonía móvil todavía usaba el nombre "teléfono de automóvil", y con toda razón. Los aparatos eran tan grandes como un maletero de auto, pesados, con un enorme consumo de electricidad, y su funcionamiento, en el marco de las redes A y B era caro. En aquel entonces era imposible una "flatrate".

Antes de 1992, la radiotécnica era todavía analógica, igual que la de radio y televisión. Eso significa, que se modificó la amplitud** de la frecuencia portadora o de la frecuencia*** misma en el ritmo de las ondas sonoras del habla o de la música. También la red C, instalada en 1984, que en aquel entonces cubría casi toda Alemania oeste, era, con respecto a la transmisión hablada todavía analógica, a pesar de que los datos de control ya se transmitían en forma digital.

La segunda generación de la tecnología de telefonía móvil se introdujo a partir de 1992 con las redes D y E. Allí no se transmitían solo los datos de control en forma digital, sino también las informaciones habladas. Está basada en el GSM-standard (**G**lobal **S**ystem for **M**obile **C**ommunications), que actualmente se usa mundialmente en 670 redes de telefonía

---

* Long Term Evolution, un estándar de transmisión de la telefonía móvil que permite transportar una gran cantidad de datos en breve tiempo.
** Modulación de amplitud = AM
*** Modulación de frecuencia = FM

móvil. Cerca del 78% de todos los usuarios de telefonía móvil se comunican con ayuda de esta tecnología*

El sistema UMTS (**U**niversal **M**obile **T**elecommunications **S**ystem) posibilita que el celular (Handy) que sirve solo para hablar por teléfono se convierta en un Smartphone: el hablar por teléfono se degradó a una función secundaria, las aplicaciones basadas en Internet se convirtieron en el uso principal; el Internet devino omnipresente. Con el UMTS-estándar se instaló en el mercado la tercera generación de la tecnología de telefonía móvil. Las altas velocidades de transmisión que posibilita esta tecnología, pronto resultaron lentas, lo que llevó a un perfeccionamiento del sistema de la telefonía móvil. La LTE (**L**ong **T**erm **E**volution) se proclama y comercializa hoy como la cuarta generación, a pesar de pertenecer, en cuanto a su tecnología, a la tercera generación.** Recién su sucesor, el "LTE Advanced", en el que la industria está trabajando intensamente, representará, en el sentido técnico, la cuarta generación.

3.5 LA FRECUENCIA ALTA PULSANTE

Con la tecnología GSM digital, la transmisión de la voz hablada se realiza según un principio completamente nuevo: las palabras ya no se transmiten en forma análoga sino digital, y además en el modo TDMA (**T**ime **D**ivision **M**ultiple **A**ccess), que provoca una pulsación periódica de señales.

En la transmisión del lenguaje hablado se mide, por ejemplo, 8000 veces por segundo el respectivo valor de amplitud de la señal. Cada uno de estos valores de medición se traduce a un número binario que es transmitido como señal binaria.

---

* http://de.wikipedia.org/wiki/GSM
** Virnich 2011

En el receptor se vuelven a convertir estas señales binarias en los respectivos valores de amplitud, y por medio de un cierto filtro, son transformadas en una señal de tiempo continuo.

Las señales binarias que se van a transmitir, se juntan en un paquete de datos y se emiten por el celular en una determinada frecuencia. * Esta digitalización permite una optimización de la telefonía móvil, en el sentido de que varios usuarios pueden usar simultáneamente la misma frecuencia de emisión (canal), sin interferir entre sí, que sería el caso del sistema analógico. Esto se consigue dividiendo la frecuencia de transmisión en 8 canales temporales (modo TDMA).

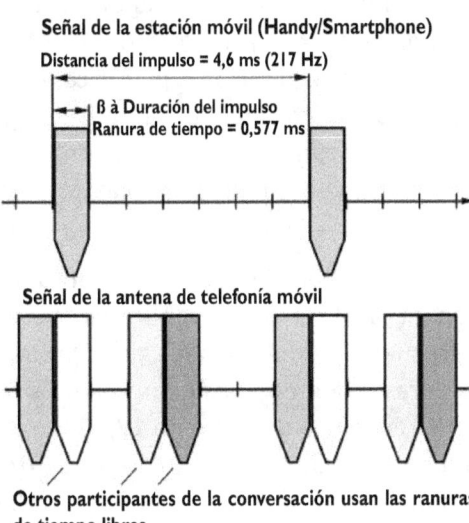

Cada usuario de la telefonía móvil obtiene, para la frecuencia que mejor puede recibir en su respectivo sitio, una ranura de tiempo (slot) de 0,577 milisegundos, por la que se transmite el habla digitalizada. Cada 8 participantes de la conversación comparten un segundo de tiempo para hablar, y cada uno dispone, sucesivamente, alrededor de 217 veces 0,577 ms. Esto significa, que cada celular emite 217 veces por segundo una

---

* La frecuencia portadora de la red D se sitúa entre 880 y 960 MHz y la red E está en un ámbito entre 1710 hasta 1880 MHz, en UMTS, entre 1900 y 2025 MHz. La tecnología LTE se usa en diferentes ámbitos de frecuencia: alrededor de 800 MHz, de 1800 MHz, de 2000 MHz y de 2600 MHz.

señal muy corta de frecuencia alta (burst = ráfaga de datos) a la estación base.*

El intervalo entre cada una de las pulsaciones es aprovechado por los otros celulares que emiten en la misma frecuencia.

Entonces, durante una llamada telefónica cada celular con estándar GSM, emite una frecuencia alta pulsada, con una frecuencia baja de 217 Hz. Las estaciones base pueden suministrar a 8 celulares simultáneamente por banda de frecuencia, de modo que éstos emiten una frecuencia de pulso 8 veces más veloz (1,73 kHz).**

En los desarrollos ulteriores del GSM- estándar, como el HSCSD, GPRS y EDGE también se trabaja con el modo TDMA, es decir que también allí se detectan pulsaciones periódicas de frecuencia baja de la radiación electromagnética de frecuencia alta. En el UMTS, según el modo, no se puede hacer una pulsación unívoca, sino una mezcla de distintos componentes periódicos (100 Hz, 1,5 kHz y 15 kHz, y un múltiplo muy elevado).

La tecnología TETRA usada por la administración oficial, también trabaja con el sistema de la ranura de tiempo (TDMA), eso sí, con frecuencias mucho más bajas. Dado que solo cuenta con 4 ranuras de tiempo, los componentes móviles trabajan con una frecuencia de pulso de 17,65 Hz, y las estaciones base con una pulsación 4 veces más veloz: 70,60 Hz = 4 x 17,65 Hz. El número bajo de pulsaciones de 17,65 Hz de los dispositivos móviles se halla exactamente en el ámbito Beta de las ondas eléctricas del cerebro, y, más allá de eso, también en el ámbito de las frecuencias celulares. La frecuen-

---

* En una ráfaga de datos se transmiten los datos del habla y del control. Cada uno de los pulsos de alta frecuencia está a su vez modulado según la pulsación de los datos binarios del habla y del control.
** Acerca de la tecnología de la telefonía móvil véase, por ej.: Glaser 2001; Walke 2000; Sauter 2011; Virnich 2007; Virnich 2004

cia de 70,60 Hz de la estación base se halla en el marco de frecuencias de la actividad eléctrica de los músculos. Ambas frecuencias mencionadas se basan además en una frecuencia de 0,98 Hz, que se encuentra exactamente en el ámbito del latido del corazón.*

Los resultados de numerosos estudios dejan suponer que, ante todo, las pulsaciones de frecuencia baja de las ondas electromagnéticas de frecuencia alta tienen un efecto especialmente dañino para el organismo.

3.5.1 Ritmo vivo y pulso rígido **

El organismo humano se caracteriza por una gran cantidad de pequeños y grandes procesos que se repiten periódicamente. Estos procesos rítmicos poseen un esquema básico que puede adaptarse de modo muy flexible a los requerimientos externos modificados. El latido de nuestro corazón es el ejemplo más destacado. Ante un esfuerzo se acelera, pero vuelve a su pulso normal luego de un tiempo. Esta capacidad de adaptarse es una característica de la vida.

Todo lo vivo se encuentra siempre relacionado con algo viviente. Si se extingue la vida, esta relación se pierde y con ella la variabilidad. Todo lo extinto cae fuera de la integridad de los procesos vitales y, por lo tanto, ya no puede adaptarse a lo viviente. Por ello, los procesos en todo lo inanimado, lo muerto, se caracterizan por una rigidez mecánica: el pulso.

El mundo de los campos electromagnéticos producidos artificialmente es un segundo mundo paralelo que compenetra nuestra naturaleza viviente. En las frecuencias determinadas

---

* Davidson 2006
** Este párrafo se basa en una explicación del médico odontólogo Dr. Helge Runte.

por la técnica de este mundo paralelo, se encuentran esencialmente pulsos. Esto vale también para la pulsación de frecuencia baja de la radiación proveniente de la telefonía móvil.

Con esto podemos llegar a la siguiente hipótesis: En la medida en que los pulsos rígidos de las ondas electromagnéticas compenetran los procesos rítmicos del cuerpo, influyen en su variabilidad y capacidad de adaptación. El pulso muerto se imprime en el ritmo viviente del cuerpo humano, quitándole su flexibilidad.

Una persona, sin embargo, cuyos procesos rítmicos son reducidos y éstos influenciados en su variabilidad, a la larga mostrarán las señales típicas de una reducción del rendimiento y una rigidez. Esto conlleva un riesgo de enfermarse.

3.5.2 Discusión por el método

Se puede objetar, que esta idea es una mera especulación y no se puede comprobar con los medios de la ciencia. Pero hay que tener en cuenta que los efectos de la radiación electromagnética pueden ser, en parte, muy sutiles, digamos, homeopáticos. Estos efectos tan finos son, efectivamente, muy difíciles de comprobar y necesitan – además de un pensar sin prejuicios para formar una hipótesis – también un nuevo método no ortodoxo de los estudios, para que puedan ser demostrados unívocamente.

La disputa por los efectos secundarios de las radiaciones electromagnéticas se convierte, al mismo tiempo, en una pelea científica por los métodos, que hoy día carece de sentido.

"La pelea por el método entre la medicina convencional (llamada también 'medicina académica') y la medicina sutil (a la cual también pertenecen los métodos fisioterapéuticos, la homeopatía, etc) se llevó esencialmente al absurdo, por

los resultados de las investigaciones de la física moderna, y los fenómenos naturales observados recientemente (...) Mientras que los médicos siguen peleándose, ya se están aplicando principios homeopáticos en la tecnología, pero lamentablemente no allí donde más se necesita: para curar al hombre (...) En el fondo, el intento de juzgar la terapia sutil por parte de la ciencia médica alopática es más o menos como un físico que quiere demostrar o contradecir el efecto de las ondas electromagnéticas con la ayuda de una balanza, una varilla de medición y una tenaza.*

Entretanto, ya existen miles de estudios acerca de los efectos ocasionados en las personas por los campos electromagnéticos. Algunos muestran los peligros o por lo menos la influencia que ejercen, otros no pueden comprobar estos efectos. Es notorio, que muchos de los estudios más recientes fueron financiados por los promotores de la telefonía móvil. Un estudio panorámico investigó la relación entre los resultados de la investigación y la base de financiación de los respectivos proyectos de investigación. El resultado mostró, que tan solo un 30% de los proyectos financiados por la industria de telefonía móvil constató una merma de la salud. En cambio, los grupos de investigación que recibieron una financiación independiente, corroboraron en un 70% que existen efectos serios que se deben considerar. **

3.6 ALERTAS

Los promotores de la red afirman que ellos respetan los valores límites reglamentados, es más, dicen que están por debajo

---

* Kaucher 1995
** http://www.aefu.ch/fileadmin/user_upload/aefu-data/b_documents/themen/elektrosmog/M_0702_EMF-industrie.pdf

de ese valor y que, por lo tanto, se descarta todo riesgo de salud a través de los emisores de telefonía móvil.

De todos modos, los seguros sociales y las organizaciones de médicos ya hace tiempo que están alertando.

La AOK (seguro médico local de Alemania) constató:

"Algo es realmente cierto: se calienta la zona de la oreja. La radiación electromagnética calienta el tejido del cuerpo – y solo eso ya no es sano. Si aumenta la temperatura en una región del cuerpo por más de 1ºC durante un tiempo más prolongado, pueden aparecer ahí trastornos metabólicos. Por esto la AOK aconseja, no hablar más de lo necesario por celular." *

La BEK aconsejó en una revista para socios:

"Mientras no existan conocimientos probados de que el uso del teléfono móvil es inocuo, debería reducirse al máximo el uso del celular por parte de los niños, ya que su crecimiento orgánico aún no está finalizado." **

En Gran Bretaña el gobierno exhortó a las escuelas de desaconsejar a todos los alumnos y alumnas menores de 16 años el uso del celular. Además se pidió a las escuelas británicas en cuya cercanía se encontraba una estación base de telefonía móvil, contactarse con los promotores, para asegurarse de que las principales radiaciones de las antenas no incidan en el predio escolar.*** En Francia, desde 2010 está prohibido por ley

---

* AOK Presseservice Gesundheit, Ratgeber 10/98, Bonn 02.06.98
** "BARMER. Das aktuelle Gesundheitsmagazin", Zeitschrift für die Mitglieder der BARMER Ersatzkasse, 1. Quartal 2001, "Handys – Gefahr in Kinderhand?", S. 8
*** Charter 2000

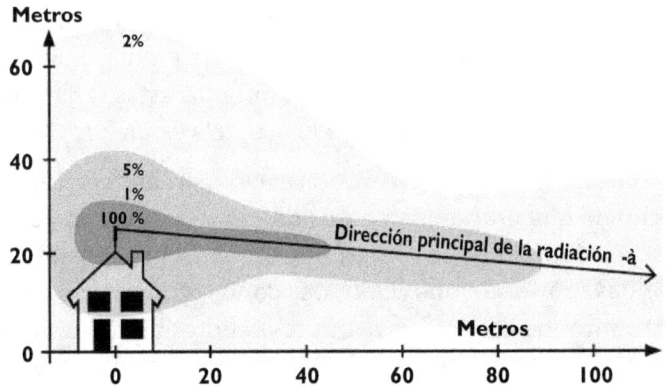

Si bien la radiación de una antena de telefonía móvil tiene una dirección principal, se forma un campo directamente debajo de la antena.

(Dibujo: Andrea Proffitt-Sitter)

que los alumnos de la primaria y escuela media usen sus celulares en el edificio escolar. *

En el año 2002, unos médicos hicieron pública su llamada "Proclama de Friburgo". Entretanto, esta proclama fue firmada por más de mil médicas y médicos. Allí alertan ante las consecuencias para la salud por la creciente carga de radiaciones que acarrea el uso frecuente del celular, como también del teléfono inalámbrico en las casas. A esta proclama de Friburgo le siguieron muchas más proclamas de médicos en el interior del país y en el exterior: la resolución de Helsinki en Finlandia (2005), la resolución de Venecia en Italia (2007), la resolución de Londres en Inglaterra (2007), la proclama de París en Francia (2009), la proclama de médicos holandeses (2009), la resolución de Porto Alegre en Brasil (2009), la proclama internacional de médicos (2012), y muchas más.** También el

---

* http://www.diagnose-funk.org/themen/elektrosmog-an-schulen/frankreich-verbietet-handys-an-volksschulen.php http://www.diagnosefunk.org/downloads/2009-5-29_df_frankreich-verbietet-handys.pdf
** http://www.mobilfunkstudien.org/resolutionen/index.php

colegio médico de Austria alerta sobre los riesgos para la salud que provienen de las radiaciones de la telefonía móvil, y da consejos de cómo pueden ser minimizadas estas radiaciones, en sus "10 reglas médicas para el uso del celular". *

Otro indicio notable de la situación sin esclarecer, es el hecho de que emprendimientos del ramo asegurador, de primer nivel mundial, se niegan a asegurar contra posibles demandas por indemnización de daños y perjuicios a los fabricantes de celulares o a los proveedores de redes de telefonía móvil. A comienzos del 2004 se difundió que las aseguradoras, "por primera vez, en un amplio frente", se negaban a asegurar contra el riesgo de posibles daños personales a causa de campos electromagnéticos. La aseguradora "Allianz" justifica esta medida, alegando que no se pueden estimar las consecuencias sanitarias de la radiación electromagnética. **

El 31 de julio de 2001, el diario "Berliner Zeitung" editó una entrevista con Wolfram König, el presidente del servicio federal para la protección contra radiaciones (BfS). Allí expresó recomendaciones muy claras:

> *"Me parece sumamente necesario evitar determinados sitios [de emisores de telefonía móvil] (...) Me parece necesario evitar ubicaciones que lleven a un aumento de los campos en lugares con jardines de infantes, escuelas y hospitales (...) Los niños se encuentran aún en la fase de crecimiento y por eso su salud reacciona de un modo más sensible. Tenemos aquí un compromiso especial para la previsión. (...) Los padres (deberían) mantener alejados a sus hijos de esta tecnología.* ***

---

* http://www.aekwien.at/media/Plakat_Handy.pdf http://www.funkfrei.net/berichte/10-medizinische-handyregeln.htm
** "Versicherer fürchten die Mobilfunk-Risiken", in: Süddeutsche Zeitung vom 28. Januar 2004, S. 1
*** "Eltern sollten ihre Kinder von Handys fernhalten", in: Berliner Zeitung vom 31. Juli 2001

En 2008 llamó mucho la atención una proclama del comité nacional de Rusia para la protección ante radiaciones no ionizantes (RNCNIRP), pues pronosticaba para las generaciones jóvenes graves daños de salud en el futuro, por el manejo con la tecnología de la telefonía móvil. Y en 2011 esta comisión precisó con números concretos estas advertencias:

"En comparación con el año 2000, el número de alteraciones del sistema nervioso central en jóvenes de 15 a 17 años aumentó un 85%, el número de personas con epilepsia o trastornos epilépticos aumentó un 36%, los casos de retraso madurativo aumentaron un 11%, y el número de enfermedades de la sangre y de trastornos del sistema inmunitario aumentó un 82%. En un grupo de niños menores de 14 años se detectó un aumento del 64% de las enfermedades sanguíneas y de los trastornos del sistema inmunitario, y un aumento del 58% en los trastornos neurológicos. El número de pacientes entre 15 y 17 años que acuden a un consultorio por trastornos del sistema nervioso central y que están en tratamiento, aumentó un 72%" *

El comité nacional ruso subraya la gran importancia tanto social como económica de minimizar marcadamente la carga en niños y jóvenes por los campos electromagnéticos de frecuencia alta.** Ellos desaconsejan expresamente el uso de celulares por parte de niños y jóvenes menores de 18 años.

El "Office of Nacional Statistics" de Gran Bretaña constató, que entre 1999 y 2009 aumentó en un 50% el número de niños en los que se diagnosticaron tumores en el lóbulo frontal y

---

*http://www.diagnose-funk.org/assets/df_bp_rncnirp-resolution_2011-05-25.pdf
** Por ejemplo se propone el desarrollo de teléfonos móviles, que además de reducir la carga de radiaciones y poseer un kit de manos libres, también tenga funciones de limitación, de modo que la cantidad y la duración de las llamadas telefónicas diarias sean limitadas.

temporal del cerebro, lo cual está en una evidente relación con la expansión de la cultura del celular y del smartphone.*

La comisión permanente del Consejo Europeo, en su resolución de mayo de 2011, instó a los gobiernos europeos de hacer todo lo posible para reducir la carga de los campos electromagnéticos, haciendo especial hincapié en el riesgo de tumores cerebrales en niños y jóvenes. La comisión permanente propone a los gobiernos promover, mediante campañas de información, la reducción estricta del uso de celulares y smartphones en niños y jóvenes; las escuelas no deberían ofrecer WiFi, en cambio utilizar soluciones alternativas, como conexiones por cable para conectar en red las computadoras.**

3.7 EFECTOS TÉRMICOS Y NO TÉRMICOS

Es indiscutible el hecho que los campos electromagnéticos de frecuencia alta producen un efecto de calor. Este efecto térmico se usa en los aparatos de microonda para calentar la comida – y como hoy sabemos, la comida calentada de este modo no solo pierde su valor nutritivo, sino que se vuelve nociva. *** Por tal razón se impusieron valores límite para las radiaciones de microondas utilizadas en la tecnología de comunicaciones, para mantener lo más reducido posible el efecto térmico sobre el tejido del cuerpo humano.

La actual discusión gira ante todo en torno a la pregunta, si también existen efectos no térmicos** de la radiación de la te-

---

* Lakhani 2012
** http://www.diagnose-funk.org/assets/df_bp_europarat_2011-05-27.pdf
*** http://www.zentrum-der-gesundheit.de/mikrowelle.html. Por las consecuencias nocivas del calentamiento de comida con microondas, en la ex Unión Soviética se prohibió por ley, en 1976, el uso de los hornos de microondas. Luego de la Perestroica se anuló dicha ley.
**** Efecto no térmico (atérmico) = un efecto no basado en el calentamiento

lefonía móvil. Muchos estudios muestran que se da ese caso, y que los valores límites establecidos por ley no consideran este hecho, y por lo tanto son demasiado elevados. En el futuro deberán reducirse considerablemente.

3.8 LA COMUNICACIÓN ARRIESGADA
3.8.1 Alteraciones en el electroencefalograma (EEG)

En una serie de estudios se llegó a la conclusión, que el EEG del hombre se altera cuando está expuesto a campos electromagnéticos, sobre todo a aquellos campos emitidos por los aparatos de telefonía móvil. Es así, que ya en el año 1995 el Dr. Lebrecht von Klitzing, que en aquel momento era físico-médico en la universidad de Lübeck, indicó que la radiación pulsante de microondas de las redes D y E, tienen un efecto comprobable sobre el curso del EEG humano. En aquel momento ya expresó la advertencia:

"Microondas pulsantes de potencias bajas influyen sobre el EEG. Es posible que perturben el sistema de comunicación intercelular. Aún es difícil dar una explicación científica. No obstante, aparecen los efectos." *

También el instituto federal (alemán) para la protección y la salud en el trabajo, comprobó en 1999, en base a exámenes realizados en 20 voluntarios, que el EEG se modificaba notablemente bajo la influencia de la radiación de la telefonía móvil.** En el mismo año, un equipo de trabajo en Suiza, que

---

* Wohnung und Gesundheit, Heft 90, 1999. Otros artículos del Dr. Lebrecht von Klitzing: "Gesundheitliche Folgen und Auswirkungen des Mobilfunks", véase bajo: http://www.ralf-woelfle.de/elektrosmog/extern/klitzing_mainz.pdf
** http://www.baua.de/nn_5846/de/Publikationen/Forschungsberichte/1999/Fb868.html_nnn=true

investiga el sueño, demostró que ya aparecían alteraciones en el EEG del sueño a partir de una radiación durante 15 a 30 minutos, con un campo de 900 MHz pulsantes. * Este experimento fue corroborado por otros estudios, ** de modo que es sumamente importante mantener esta conjetura de que el curso del EEG de una persona se altera cuando está expuesta a campos electromagnéticos de frecuencias altas. Es necesario remarcar que las alteraciones del EEG todavía se podían comprobar algún tiempo después de apagarse el campo.

3.8.2 La barrera hematoencefálica se vuelve permeable

En el año 1999, un estudio sueco llamó mucho la atención. *** Un equipo de investigaciones de la universidad de Lund (Suecia) pudo demostrar, a raíz de una serie de ensayos muy amplios en centenas de ratas, que, a causa de las radiaciones de la telefonía móvil se permeabilizaba su barrera hematoencefálica.

Esta barrera hematoencefálica es una conexión de funciones en el cerebro, que se encarga de impedir o disminuir la entrada de ciertas sustancias (productos metabólicos, fármacos, venenos, etc.) a los espacios intercelulares del cerebro. Si bien la principal responsable es una capa celular que rodea los vasos sanguíneos, también tiene un rol en los procesos de intercambio de sustancias el tejido cerebral circundante. Basta una radiación breve con una intensidad muy por debajo de los valores límites actuales, para que esta barrera se abra y posibilite así una intoxicación del cerebro. Con la alteración de la

---

* http://www.ncbi.nim.nih.gov/pubmed/10580711
** http://www.strahlentelex.de/Stx_03_384_E01-02.pdf
*** http://www.heise.de/tp/deutsch/inhalt/co/5457/1.html http://www.buergerwelle.de/d/doc/presse/m1.html véase también: Scheiner/Scheiner 2006, S.28ff

barrera hematoencefálica se relacionan una serie de enfermedades, como la de Alzheimer y de Parkinson.

En el año 2003, este grupo de investigadores suecos repitió los estudios. Para poder evaluar un eventual riesgo de salud de los jóvenes que usan asiduamente los celulares y están altamente expuestos, se tomaron esta vez ratas jóvenes, es decir, animales de 3 a 6 meses de edad. Además, adaptaron la intensidad de radiaciones a la dimensión a la que están expuestos los jóvenes usando el celular. El resultado de este estudio nuevamente fue alarmante: los daños cerebrales de las ratas jóvenes fueron notablemente más graves. Hubo una penetración de albúminas* que se detectaban como manchas oscuras bien nítidas en el tejido encefálico.** A su vez, se corroboró en el tejido cerebral analizado, que cerca de un 2% de las neuronas estaban muertas.

3.8.3 Alteraciones en la sangre

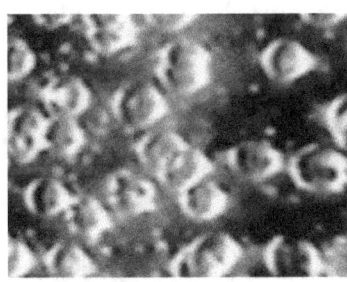

Sangre normal – los glóbulos sanguíneos flotan libremente.

Fuente:
http://www.hamdymania.org/web/handy04.htm - ahora archivo del autor

En 1994, los médicos Annemarie y Hans-Joachim Petersohn, durante exámenes de rutina, observaron que los glóbulos rojos se aglutinaban bajo el efecto de radiaciones de microondas. En condiciones normales flotan independientes y libres en el líquido sanguíneo. Ya con una breve llamada por celular, se produce lo que se denomina "formación del cartu-

---

* las albúminas son cuerpos proteicos especiales, que se encuentran en el plasma sanguíneo
** Scheiner/Scheiner 2006, S. 37

cartucho de monedas": los glóbulos sanguíneos se pegan uno con el otro como las monedas en un cartucho. De ese modo están restringidos en su función. El transporte de oxígeno es menor, y sobre todo, la aglutinación aumenta el peligro de una trombosis o un infarto.

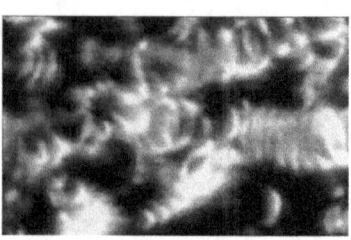

Sangre del lóbulo de la oreja luego de 3 minutos de radiación por un teléfono móvil. Luego de un tiempo se normaliza este efecto.

Fuente: http://www.hamdymania.org/web/handy04.htm - ahora archivo del autor

En marzo del 2005, en el marco de "juventud que investiga", dos alumnos publicaron un estudio que afirma, de manera impresionante, el efecto del "cartucho de monedas": Comprobaron en 51 compañeros y compañeras entre 17 y 20 años, que tras una llamada por celular de apenas 20 segundos, la sangre extraída tanto de la oreja como del dedo mostraba una marcada formación de cartuchos de moneda.*

Entretanto ya existe un gran número de exámenes que muestran serios indicios de alteraciones, en parte graves, de la sangre humana.**

3.8.4 Efectos cancerígenos

En un experimento científico para demostrar la inocuidad de las radiaciones de la telefonía móvil, científicos australianos obtuvieron un resultado inesperado: se tomaron ratones ma-

---

* Este estudio puede verse en: http://www.milieuziektes.n/Rapporten/20050325_Geldrollenbildung_durch_Handystrahlung.pdf
http://www.maes.de/7%20HANDYS/maes.de%20HANDY%20GELDROLLEN:PDF
** Maes 2005b

nipulados genéticamente, para ser más propensos de contraer un cáncer, y los expusieron a radiaciones durante media hora dos veces diarias con ondas electromagnéticas pulsantes, tal como son emitidas por los aparatos de telefonía móvil. La expectativa de los científicos era, que en el grupo de ratones que recibieron rayos se diera la misma cantidad reducida de casos con cáncer que en el grupo no expuesto a radiaciones. Para su gran sorpresa, se mostró que en el grupo de ratones expuestos, el número de animales afectados de cáncer en los ganglios linfáticos fue el doble. *

Un estudio del instituto ECOLOG del año 2000, llegó al siguiente resultado, luego de controlar todos los exámenes hechos hasta ese momento:

"Los resultados de los estudios, en todos los niveles de desarrollo de cáncer, desde el daño de la sustancia genética, pasando por el aumento descontrolado de células y el debilitamiento del sistema inmunitario (...) hasta la manifestación de la enfermedad constatan efectos donde la densidad de potencia es menor a 1 W/m^2. Para ciertas etapas de desarrollo de la enfermedad posiblemente ya alcancen intensidades de 0,1 W/m^2 y menos para causar un efecto." **

En abril del 2004, médicos de la pequeña ciudad Naila en Alta Franconia (Alemania) publicaron un estudio de los archivos médicos (con carácter anónimo) de pacientes regulares de los últimos 10 años. Diferenciaron a los pacientes en dos grupos: aquellos que vivían dentro del circuito de 400 m donde se había instalado en 1993 una torre de telefonía móvil, y aquellos que vivían a una mayor distancia. En los primeros 5 años no se constataron cambios en los diagnósticos. En los años siguientes se diferenciaron los dos grupos: en el grupo

---

* Rigos 1997, S. 228
** ECOLOG-Institut 2000, S. 36

que vivía en las inmediaciones de la estación emisora, el riesgo de contraer cáncer se triplicó.

Mayores datos proporcionó el estudio SELBITZ del año 2010, diciendo que la intensidad de los problemas de salud de una persona depende de la cercanía de una estación base. *

En 2011, la Universidad Federal de Minas Gerais en Belo Horizonte (Brasil) publicó un estudio que pudo demostrar, a partir de los datos poblacionales de 2 millones de personas, que la distribución de más de 7000 casos de cáncer estaba en una evidente relación con la respectiva cercanía de ese pueblo a una estación emisora de telefonía móvil. **

No es sorprendente, entonces, que en el año 2011 la Organización Mundial de la Salud (OMS) declarara las radiaciones de telefonía móvil como potencialmente cancerígenas. ***

3.8.5 Daños en el material genético

En el "Reflex-Studie", auspiciado por la Unión Europea, participaron 13 países, y los resultados fueron publicados en 2004. Los procedimientos, científicamente irreprochables, demuestran sin duda alguna, que en condiciones de laboratorio aún leves campos electromagnéticos de frecuencia alta pueden dañar los genes en células aisladas. ****

En un estudio del año 2007, que revisó los campos que utiliza el estándar UMTS también se comprobaron los efectos nocivos en los genes.

---

* http://www.mobilfunkstudien.org/assets/umg_eger-jahn_selbitz-studie.pdf
** http://www.diagnose-funk.org/assets/df_belo-horizonte_2011-07-23.pdf
*** http://www.zeit.de/news-062011/iptc-bdt-20110601-17-30679372xml
**** http://www.verum-foundation.de/projekte/reflex.html, véase también: http://www.kompetenzinitiative.net/ Véase también: http://www.diagnose-funk.org/themen/forschung/index.php

"La radiación de la telefonía móvil daña el material genético y aumenta el riesgo de contraer cáncer", es el resumen del coordinador del Reflex-Studie, Franz Adlkofer. *

Es también significativa la discusión "científica" que le siguió a ese estudio: La industria de telefonía móvil intentó, por medio de investigadores simpatizantes, desacreditar los resultados de dicho estudio por supuestas irregularidades en la recopilación de datos. Es justamente este intento, de parte de la industria, de iniciar una campaña de difamación para desacreditar dicho estudio, que nos muestra lo candente que son realmente estos resultados.

3.8.6 ¿Qué pasa con animales grandes?

De los más diversos lugares llegan indicios que señalan que la radiación electromagnética, y sobre todo la radiación pulsante de frecuencia baja de la telefonía móvil, puede tener efectos dañinos para los hombres, también estando por debajo de los valores límites establecidos oficialmente. Estas influencias son frecuentemente sutiles y no percibidas por muchos. Por el otro lado, existe un gran número de personas que sí sienten el efecto. Se les podría reprochar que son simplemente fantasías. Pero este reproche no es válido para los animales. También aquí se han hecho observaciones alarmantes.

Acerca de las declaraciones de unas alumnas todavía podríamos sonreír:

"Cuando salgo a cabalgar con mi caballo y tengo que hacer una llamada urgente por celular, el caballo se pone muy intranquilo y nervioso. A veces también trata de escaparse."

---

* http://www.der-mast-muss-weg.de/pdf/Adlkofer/Presseadl_02_Bild.pdf

"Cada vez que dejo conectado mi celular en la habitación, mis cobayos se ponen muy agresivos y comienzan a morderse entre ellos. Ni bien retiro el celular, se tranquilizan." *

En cambio, es mucho más grave lo que sucede en las granjas cercanas a torres porta-antenas.

En una manada de ganado lechero, ubicada muy cerca de una torre emisora, al poco tiempo que allí se agregaran emisores para la red de telefonía móvil, aparecieron fenómenos inexplicables. Hubo un gran aumento de abortos y terneritos con deformidades. Los animales enflaquecieron y hubo que sacrificarlos, en parte. Los animales se restregaban los ojos infectados contra cercos y otras superficies; se notaba que había desorientación, inquietud, daban pasitos cortos y nerviosos, había una apatía inusual, etc. Cuando dos animales fueron llevados a otra granja a 25 km de allí, desaparecieron los síntomas luego de pocos días. Pero volvieron a manifestarse cuando los animales volvieron a su lugar original.

El veterinario oficial consultado, y luego también colaboradores de universidades, descartaron como causas, infecciones, locura bovina, así como daños por mala alimentación o cuidado. Como única causa quedaba la torre emisora al lado de la manada de vacas.

El profesor Wolfgang Löscher de la universidad de veterinaria en Hannover, resumió el resultado como sigue:

"En una manada de ganado lechero, que se encuentra en gran cercanía de varias estaciones emisoras de televisión y telefonía móvil, desde hace aproximadamente 2 años se constatan – además del aumento de perjuicios y una marcada disminución del rendimiento lechero – trastornos de conducta hasta ahora nunca descriptos. Los exámenes realizados en los

---

* En verano del 2001 apareció en: http://www.a-city.de/schulen/augsburg/a-b-s/aussagen.htm - ahora se encuentra en el archivo del autor.

animales de esta manada no dieron algún indicio sobre la causa de los trastornos, aparte de los campos electromagnéticos mensurables. El traslado a un establo a mayor distancia de allí hizo desaparecer por completo los trastornos de comportamiento, después de aproximadamente 5 días. Luego de transportarlos al lugar original, volvieron a aparecer los síntomas. Considerando los efectos ya conocidos de los campos electromagnéticos, es posible que los trastornos en esa manada estén relacionados con las estaciones emisoras." *

Por encargo del ministerio del medio ambiente de Baviera se realizó un estudio para analizar la influencia de las estaciones de telefonía móvil sobre el ganado vacuno. Este llamado "estudio vacuno", que costó alrededor de 400.000 Euros, fue financiado en un 50% por diferentes proveedores de servicio de la telefonía móvil, y en noviembre del 2000 fue presentado públicamente.** Pero finalmente solo se llegó a la conclusión, de que habría que hacer otro estudio más:

"Algunas de las reacciones observadas, sin embargo, deberían frenar un criterio prematuro que descarta por completo los efectos dañinos. Por eso se aconseja, considerar nuevamente estos fenómenos desde el punto de vista científico y político."

El ministerio del medio ambiente estimó los resultados no del todo concluyentes, declarando, que no se ha podido demostrar una relación directa entre la radiación de las antenas de telefonía móvil y la salud de los vacunos.

Resulta interesante, en este caso, que uno de los coautores de este "estudio vacuno", el Dr. Christoph Wenzel, se distanció públicamente del modo en que el ministerio del medio ambiente había interpretado los resultados del estudio. En una breve entrevista dijo, que no le parecían correctas las exposiciones públicas.

---

* Löscher/Käs 1998
** http://www.iddd.de/umtsno/rinderstudie402.pdf

"El comportamiento de los animales es un parámetro muy sensible, por eso los resultados del estudio muestran una clara relación entre los campos electromagnéticos y el organismo."*

Más allá de eso, nos da que pensar la observación del diputado parlamentario de Baviera, Volker Hartgenstein, de que en la versión publicada del "estudio vacuno" se atenuaron o directamente se omitieron declaraciones esenciales que figuraban en el concepto original.** Es bastante obvio, que allí jugaron un rol decisivo los intereses no científicos.

Otro caso bien documentado, es el de la granja "Rütlihof" en el cantón suizo de Winterthur. Ni bien se había instalado cerca de allí una estación emisora de telefonía móvil, comenzaron a manifestarse serios problemas de salud en el ganado lechero. Estos deterioros desaparecieron cuando se volvió a desmontar la emisora, luego de una dura pugna. Un estudio de la universidad de Zurich analizó los hechos posteriormente y constató:

"Los resultados comprueban sin duda alguna, que antes del montaje de la antena no se presentaron deterioros de salud importantes en el ganado de esta granja. (...) Unos 12 meses después de quitar la antena del Rütlihof y la antena provisoria "Forenberg Süd" ya no se registraron enfermedades extrañas. Como el prestador de la telefonía móvil no impidió la reconexión de la antena después de algunos meses, hoy no disponemos de una mayor certeza en cuanto a esa correlación temporal. ***

---

* Leben auf dem Land 1/2001, S. 21. Véase también: http://www.iddd.de/umtsno/rinderstudieZensur.htm, o
http://www.buergerwelle.de/de/aktuell/presse/presse/mm_zwielicht.html
** Grasberger/Kotteder 2003, S. 110f; véase también: http://www.iddd.de/umtsno/rinderstudieZensur.htm
*** http://www.diagnose-funk.org/assets/kaelberblindheit-wegen-handymast.pdf

En distintos experimentos con animales, cada vez de nuevo se demostraron los efectos nocivos de los campos de telefonía móvil.

Una disertación trató el trabajo con ratas que fueron expuestas durante 21 meses a la radiación de campos de telefonía móvil. El desarrollo de estos animales se comparó con un grupo de ratas no expuestas. El resultado mostró, que los animales expuestos a los rayos solo llegaron a vivir la mitad del tiempo que los otros, desarrollaron más tumores, el sistema inmunitario estaba debilitado y disminuyó la memoria. *

En un estudio publicado en 2012, ratones hembras preñadas fueron expuestas durante un tiempo limitado a las radiaciones de telefonía móvil. Se pudo observar luego, que la cría que nació después mostraba trastornos de conducta que se asemejaban al ADHD en los seres humanos: los ratones jóvenes eran hiperactivos, no tan miedosos, y tenían problemas de memoria. **

El resultado de un estudio realizado por la OMS en 2008, que examinó a 13.000 niños, fue la de constatar que aquellos niños que estuvieron expuestos a la radiación de telefonía móvil siendo pequeños o ya durante el embarazo, a la edad de 7 años evidenciaban con mayor frecuencia trastornos de comportamiento, como por ejemplo el ADHD, etc. ***

En el marco de "Juventud investiga", una alumna investigó los efectos de los campos WiFi en el escarabajo molinero, y ocupó el primer puesto en la competencia regional.

---

* http://www.welt.dewissenschaft/article2143617/Handy-Strahlung-laesst-Ratten-frueher-sterben.html
** http://www.nature.com/srep/2012/120315/srep00312/full/srep00312.html; véase también: http://www.welt.de/gesundheit/article13924176/Handystrahlung-loest-ADHS-Symptome-bei-Maeusen-aus.html
*** http://www.ncbi.nim.nih.gov/pubmed/18467962, véase también: http://www.kinder-und-mobilfunk.de/themen/bestrahlte-generation/effekte-bei-kindern/risiko-durch-handynutzung-in-der-schwangerschaft.php

"Los resultados de estos experimentos permiten ver claramente, que la cifra de mortalidad de los escarabajos en el invernáculo que recibió radiaciones, fue mucho mayor que en el otro sin radiaciones. (...) En resumidas cuentas, puedo decir que mi hipótesis fue confirmada, en cuanto las radiaciones de WiFi tienen, de alguna manera, un efecto negativo sobre los escarabajos molineros, desde la larva hasta el insecto desarrollado. La mayoría de los escarabajos que recibieron radiaciones tenían daños, y más del 40% murió. A mayor duración de las radiaciones aumentaba también la cifra de mortalidad. (...) En el grupo de comparación murieron al comienzo solo 5 individuos, el resto se desarrolló sin problemas y visiblemente sanos."*

En base a dichas observaciones se nos plantea claramente la pregunta, si no es posible que la expansión abarcante de la red de telefonía sea también una causa más para los masivos problemas de salud de las colmenas, que se manifiesta visiblemente desde los últimos años. **

Las estaciones emisoras en el espacio público no se pueden apagar así no más. Pero en todas las casas y viviendas existen muchas instalaciones más que pueden ser encendidas a voluntad, y sobre todo, apagadas nuevamente.

3.9 ¿QUÉ PODEMOS HACER EN NUESTRAS CASAS?

3.9.1 El celular

Muchos indicios nos muestran, que la salud de las personas se ve afectada por la radiación de la telefonía móvil. La ciencia

---

* http://www.baubiologie-herberg.de/download/wlan_mehlwurm_schuelerstudie.pdf

** http://www.kinder-und-mobilfunk.de/themen/umwelt-und-landwirtschaft/effekte-bei-bienen/index.php

oficial aún lo desmiente, y puede durar años hasta que se encuentre un consenso de reconocimiento general. Ante esta situación poco clara solo podemos recomendar: Cuidado con el manejo de los aparatos de telefonía móvil – también con los teléfonos inalámbricos en la casa.

- Solamente se debería hablar por celular o un smartphone cuando es inevitable, y en lo posible durante muy breve tiempo (1 a 2 minutos). También mantener baja la cantidad de envíos de SMS. Niños y jóvenes menores de 16 años deberían llevar consigo solo celulares simples para casos de emergencia.

- Apagar frecuentemente el celular, pues también en el modo stand-by se envían señales en intervalos irregulares, para informar a la red de telefonía móvil sobre la posición actual. Con los smartphones encendidos, las aplicaciones (Apps) hacen que se tome contacto con el Internet mucho más seguido, puede ser cada minuto, aunque el usuario deje el aparato en algún lugar, sin usarlo.

- Al hablar por teléfono, en lo posible usar el "manos libres" (interfono), o un "Handy-Head-Set y mantener el aparato bien alejado del cuerpo.* Esto vale sobre todo para el momento en que el aparato está iniciando la conexión, pues entonces la potencia de emisión es la más fuerte.

- También cuando se envía un SMS se debería mantener el celular lo más alejado posible del cuerpo.

---

* Existen estudios, que advierten que la carga de radiaciones no se reduce usando un head-set común, ya que el cable conduce a manera de antena las radiaciones directamente al interior del oído. Los head-sets libres de electrosmog solucionan este problema con un mini-altavoz donde desemboca el cable, manteniéndolo a distancia del oído. El sonido es transmitido a través de finas cámaras de aire hacia una membrana en el auricular (modo estetoscopio).

- Evitar, en lo posible, hablar por teléfono estando en el auto, pues en el vehículo cerrado el celular produce automáticamente una potencia emisora hasta 100 veces más alta, para mantener un buen contacto con la estación base. Lo mismo vale naturalmente para el interior de edificios grandes o lugares con mala recepción.

- Durante el viaje en tren, ómnibus o auto, es muy aconsejable cambiar todos los smartphones, etc. a modo avión.

- No llevar el aparato encendido cerca del cuerpo, y de ningún modo en el bolsillo, sino en una cartera o mochila, ya que las radiaciones pueden afectar la fertilidad, sobre todo en los hombres.

- A muchos jóvenes hay que decirles, lamentablemente, que el celular o el smartphone encendido no tiene porqué estar sobre la mesita de luz o, incluso, debajo de la almohada.

- Personas con un marcapaso o una bomba de insulina deben tener especial cuidado con el manejo del celular y otros emisores de microondas, dado que las interferencias de las radiaciones de telefonía móvil en aparatos electrónicos pueden ser muy masivas.

- Al comprar un aparato de telefonía móvil, se puede tener en cuenta la intensidad de los rayos. Entre los distintos modelos hay grandes diferencias. La intensidad de radiación se determina según el valor SAR* y mide la máxima

---

* La tasa de absorción específica (SAR) se mide en vatios por kilogramo (W/kg). Se considera dañino para la salud (si solo una parte reducida del cuerpo recibe radiaciones) un valor de 4 W/kg. Con este valor, el cuerpo aumenta su temperatura en 1 grado, luego de media hora. En Alemania, el valor límite es de 2 W /kg, la temperatura corporal aumenta 0,1 grado en un lapso de 6 minutos. Algunos celulares llegan, durante su uso, a valores hasta 1,5 W/kg.

energía de radiación que absorbe la cabeza de una persona al hablar por teléfono. *

3.9.2 Sin celular, ¿pero en casa un teléfono inalámbrico?

Es realmente práctico. Lo podemos llevar a cualquier lugar de la casa y nadie se enreda con el cable tirado en el piso. Justamente para gente mayor es un buen motivo para cambiar su teléfono viejo con cable por uno moderno, inalámbrico.

El aparato nuevo, con un lindo diseño, posee generalmente una radiotécnica según el estándar DECT.** Esto es, parecido al celular, un método digital de transmisión del oyente a una estación base que está situada en algún lugar de la casa, y conectada a la red fija. El alcance de frecuencias usado para la transmisión en la casa se sitúa entre los 1800 y 1900 MHz. Como se pueden usar varios artefactos móviles en la casa, se utiliza para la transmisión el método de la ranura de tiempo, con 24 ranuras en un lapso de 10 ms, lo que lleva a una frecuencia de repetición de 100Hz.*** (Esto significa, que cada aparato móvil en la casa emite una radiación de frecuencia alta con pulsaciones de baja frecuencia de 100Hz – mientras dure la llamada telefónica. Las estaciones base más antiguas, en cambio, emiten una señal de control continua para garantizar una conexión sin interferencias con las piezas móviles. Esta estación base muchas veces viene a ser como un pequeño mástil de telefonía móvil en la propia casa. Sin importar si alguien usa el teléfono o no, la

---

* Resultados actuales se encuentran en: http://www.handywerte.de
** DECT = Digital Enhanced Cordless Telecommunications (hasta 1995 Digital European Cordless Telephone)
*** http://www.wikipedia.org/wiki/Digital_Enhanced_Cordless-Telecommunications

estación base emite día y noche, con la misma intensidad, microondas pulsadas. Para los teléfonos de estándar DECT vale entonces – en cuanto a los posibles riesgos de salud – exactamente lo mismo que para la telefonía móvil en general.

De hecho, existen muchos informes sobre problemas de salud que fueron atribuidos al uso de dichas instalaciones de teléfonos inalámbricos en la casa.*

El servicio federal (de Alemania) para la protección contra las radiaciones aún no ve la necesidad de hacer advertencias, pero igualmente aconseja:

"Si bien la técnica DECT no significa un riesgo para la salud, según los conocimientos científicos actuales, y considerando básicamente la higiene de radiaciones, se recomienda minimizar la carga de radiaciones para el usuario, mediante medidas de precaución adecuadas: (...) dar preferencia a los teléfonos de línea conectados antes que a los teléfonos inalámbricos con la técnica DECT. Evitar una permanencia prolongada en cercanías de una estación base DECT, que son usados actualmente. Estas estaciones base, por ejemplo, no deben colocarse en el cuarto de los niños o en el dormitorio, ni tampoco directamente sobre el escritorio. Quien quiera evitar una carga permanente de la cabeza con campos electromagnéticos, debería usar el teléfono móvil por un tiempo breve y usar el teléfono fijo para conversaciones más largas." **

Quien no pueda renunciar al teléfono inalámbrico, por lo menos debería elegir un teléfono DECT con baja radiación. Estos aparatos son ofrecidos en los comercios como "Eco Modus" o "Low Radiation". Se califican, esencialmente, por dos ventajas: ***

---

* Véase por ejemplo: Vogt-Heeren 2005
** http://www.bfs.de/de/elektro/hff/anwendungen/Schnurlose_Festnetztelefone.html
*** Véase también: http://www.verband-baubiologie.de/pdf/VB2/Broschuere DECT.pdf o también: http://www.teltarif.de/h/dect-eco.html

- Al finalizar una llamada, la estación base se apaga automáticamente o reduce la intensidad de radiación.
- Los aparatos móviles disminuyen tanto más la intensidad de su radiación cuanto más cerca se encuentran de la estación base, es decir, cuanto mejor sea la calidad de la comunicación, tanto más se reduce la intensidad emisora de los aparatos móviles.

3.9.3 ¿WiFi en la casa?

En universidades, cafés, hoteles y otros lugares públicos, uno puede conectar su notebook (provista de una tarjeta de red inalámbrica), a la red de telefonía local en forma inalámbrica, y así acceder al Internet. En las casas particulares se multiplican las conexiones WiFi tan prácticas. Sin tener que tender algún cable, uno se puede instalar su network hogareño en la computadora. Sin embargo, con su propio "Access Point", uno se instala en la casa un emisor de microondas. Esta ficha instalada en la computadora también emite una buena cantidad de radiaciones de microondas. Aquí también hay que tener en cuenta, que estos rayos vienen en pulsaciones y que tienen el mismo efecto sobre el organismo que el teléfono DECT y el celular.

En zonas de población densa, no es posible resguardarse por completo de los campos WiFi. Pero sí podemos hacer algo para no aumentar aún más la carga ya existente de electrosmog. La liga de edificaciones biológicas ayuda con consejos prácticos: *

- Siempre hay que priorizar los sistemas de transmisión por línea, aunque haya que colocar cables para tal fin – esto vale sobre todo para jardines de infantes y escuelas.
- En caso de ser necesario instalar WiFi, que sea con la menor potencia emisora posible.

---

* http://www..verband-baubiologie.de/pdf/VB2/BroschuereWLAN.pdf

- Las estaciones WiFi emiten sin interrupción – también cuando no se transmiten datos. Por tal razón se deberían apagar cuando no se utilizan. Esto vale sobre todo para la noche.

- La estación debería estar a más de 10 m del lugar de trabajo.

- Instalar la estación de WiFi en un ambiente poco usado y no en una habitación donde muchas personas permanecen por largo tiempo.

- Las estaciones de WiFi asimismo irradian a los vecinos, también tenemos que considerar la salud de ellos.

- En caso de que lleguen de afuera campos intensos de WiFi, se pueden aislar determinados ambientes. Pero para eso se debe consultar a los expertos que tienen los aparatos adecuados para medir las radiaciones.

- No mantener las tablets y laptops muy cerca del cuerpo, como por ejemplo sobre la falda, cuando están conectados al WiFi. Esto se recomienda sobre todo para mujeres embarazadas, niños y jóvenes.

3.9.4 ¿Intercomunicador en el cuarto de los niños?

Son prácticos, vigilan el cuarto donde duerme el bebé y a los padres les dan la seguridad de que su hijo se encuentra bien. Sin embargo, la mayoría de estos aparatos también emiten radiaciones de microondas pulsantes, y en forma permanente. Para recién nacidos y niños pequeños que están en pleno desarrollo, es altamente peligroso. Con razón los biólogos de la construcción aconsejan: ¡No usarlos! *

---

* http://www.verband-baubiologie.de/pdf/Faltblatt_VB_Funkanwendungen_v3_web.pdf

Si se necesita un intercomunicador para bebés, se deberá elegir uno sin la tecnología DECT. En mayo del 2013, la organización "Öko-Test" (ecotest) publicó la verificación de 16 intercomunicadores que están en el mercado.

Resultado:

"Casi la mitad de los aparatos recibió la calificación 'insuficiente' o 'reprobado'. Esto se debe mayormente a la tecnología dect. Los intercomunicadores dect funcionan con microondas pulsantes de alta frecuencia, y en la mayoría de los casos con una emisión permanente. Solo en dos modelos hay una función de 'Eco-Mode' (...) que permite apagar la radiación permanente. (...) Que puede funcionar mucho mejor sin eso, lo demostraron los 4 aparatos de tecnología análoga, con la calificación 'muy bueno'. Unos cuantos productores hacen publicidad con 'Eco-Mode' o 'baja radiación', pero generalmente no es el caso."*

3.10 EFECTOS SOBRE LAS FUERZAS FORMATIVAS DEL SER HUMANO

También en el uso de los aparatos de telefonía móvil se puede observar claramente un efecto sobre las fuerzas formativas. Seguidamente se tratará de ilustrar esto, mediante una serie de dibujos. Para tener una comparación, se observó también cómo se comporta el cuerpo de fuerzas formativas de una persona en el momento de leer un libro.

Para la prueba se ofreció una persona de 17 años con una larga experiencia con computadoras y smartphones. Lo que se mostrará en esta persona también se pudo observar en otras personas que googleaban con su smartphone o hablaban por teléfono.

---

118 http://www.oekotest.de/cgi/index.cgi?artnr=102041&bernr-07

1.) El objeto del test lee un libro técnico interesante:

Le interesa el libro, por eso, al poco tiempo se forma entre su cabeza y el libro un "espacio luminoso" que "respira", rodeado de una envoltura. (1) En este espacio se extiende hacia delante el sentido etérico de la vista. (2) El cerebro etérico se eleva un poco por encima del cerebro físico, con una coloración azul-violácea. (3) A este espacio del cerebro etérico también llegan las radiaciones del sentido visual. (4) En la zona de la epífisis aparece un remolino en forma de embudo. (5) En el ámbito del espacio cardiopulmonar se estimulan, con mayor intensidad, los procesos calóricos que se mueven rítmicamente en lemniscatas. (6)

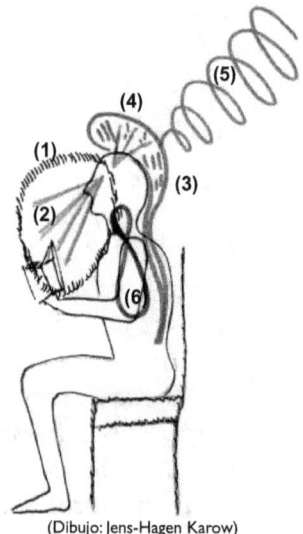
(Dibujo: Jens-Hagen Karow)

2.) El objeto del test observa el smartphone apagado (iPhone 5 de Apple):

Alrededor del aparato se reconoce una envoltura delimitante, oscura y densa. (1) Dentro de esta envoltura se manifiestan intensas fuerzas eléctricas astralizantes. Algunas de estas fuerzas salen de esta envoltura delimitante. (2 y 3) El cerebro físico y el etérico se unifican (4), al igual que los ojos físicos y los etéricos (5) Alrededor del espacio cardiopulmonar se observan éteres de calor y movimientos de lemniscatas, sin embargo, el sistema rítmico parece más tenso, tendiente a contraerse. (6) También

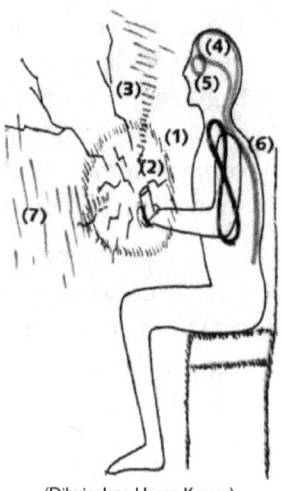
(Dibujo: Jens-Hagen Karow)

en el modo "apagado" el aparato succiona el éter calórico del espacio etérico circundante. (7)

3. El objeto del test googlea con el smartphone y se bajó un texto de contenido científico:

Fuerzas astrales eléctricas tironean desde el aparato y forman en el cerebro conexiones parecidas a las sinapsis. (1) El sentido de la vista etérico se sumerge en la pantalla. (2) En la corteza cerebral se forman mineralizaciones en lo etérico. (3) Alrededor del contemplador y del aparato se forma un espacio delimitado más oscuro y denso. (4) El diafragma se contrae cada vez mas, (5) el espacio cardiopulmonar se oscurece y pierde su calor etérico. (6) Las fuerzas calóricas fluyen sobre los brazos del observador hacia el aparato. (7) Debajo del aparato se ve un remolino con una espiral que gira hacia el espacio subterráneo. Este remolino también lleva consigo el éter calórico de la persona. (8) El acontecimiento parece como desprendido de la tierra, la persona del test no parece estar sentada en la silla sino como suspendida en el aire. (9)

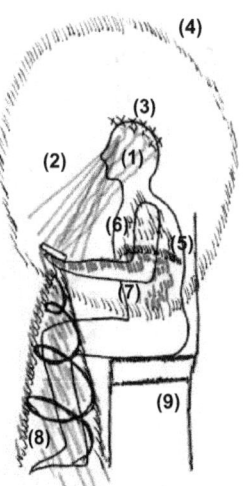
(Dibujo: Jens-Hagen Karow)

4.) El objeto del test telefonea alrededor de 3 minutos con un smartphone:

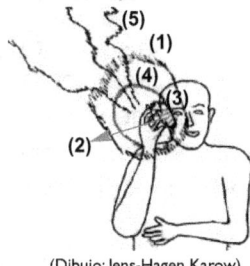
(Dibujo: Jens-Hagen Karow)

Progresivamente se va formando una envoltura delimitada oscura que rodea el aparato, la mano y la parte de la cabeza con el teléfono (1). Desde el aparato emergen "tentáculos" astrales que se meten en el órgano auditivo. El smartphone y el oído interno se unen cada vez más en un solo órgano, y aparecen oscurecidos y densificados. (3) El éter calórico de la oreja excede por mucho la oreja física, pareciéndose a la oreja de un elefante. (4) En el espacio que lo rodea se observan movimientos ondulantes en forma de guirnaldas, de una densidad caótica. (5)

5.) El objeto del test telefonea mucho más de 3 minutos con su smartphone:

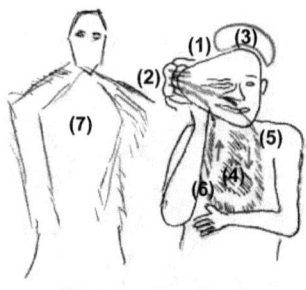

(Dibujo: Jens-Hagen Karow)

Luego de algunos minutos se manifiestan procesos disolventes: La cabeza etérica se tuerce hacia el lado del smartphone y está muy desfigurada. (1) El aparato adquiere cada vez más un aspecto de "araña". (2) Además se llevan a cabo procesos de desprendimiento del sistema nervioso etérico de su correspondiente físico. (3)El espacio cardiopulmonar se oscurece cada vez más, se acentúa la estancación. (4) Se va formando una circulación, en la cual fuerzas eléctricas astrales, que surgen del aparato, pasan a través del espacio cardiopulmonar hacia el diafragma, generando allí una rigidez. (5) Desde allí se elevan fuerzas calóricas etéricas del metabolismo en dirección al aparato. (6) En su presencia comienzan a densificarse seres ahrimánicos. (7)

6. El objeto del test habla por un teléfono inalámbrico con tecnología DECT (Gigaset C 430a, con función activada de radiación reducida): (sin dibujo)

El aparato permanece en la "superficie" de la cabeza humana y no penetra en el organismo etérico provocando modificaciones esenciales. El objeto del test permanece "más consigo mismo". Se pueden percibir leves fuerzas astralizantes eléctricas en el espacio alrededor del aparato. El objeto describe la llamada telefónica como mucho más agradable; con el smartphone, al poco tiempo había sentido un leve dolor de cabeza.

* * *

Hasta aquí se habían considerado los efectos de la tecnología de la telefonía móvil en personas individuales. Se observaron los resultados científico-naturales y médicos, y también se describieron las observaciones que (con la respectiva ejercitación) se pueden hacer en el plano de las fuerzas formativas plasmadoras. Aunque uno mismo no pueda percibir con toda claridad estas fuerzas formativas, es posible sentir interiormente estas observaciones en uno mismo, mientras se dirija la atención hacia las mismas.

Los efectos que se describirán más adelante, que afecta las relaciones sociales de las personas, pueden ser vivenciadas interiormente a partir de las propias percepciones.

3. 11 ALTERACIONES PSICO-SOCIALES

3.11.1 La cercanía distante

Solamente en Alemania, se mandaron en el año 2012 alrededor de 59,1 mil millones de SMS,* a nivel mundial fueron cerca de 7 billones, en el año 2013, esto serían 19,5 mil millones de SMS por día.** Las llamadas efectuadas a través de la telefonía móvil comprendieron en 2012, cerca de 110 mil millones de minutos en Alemania;*** si lo traducimos a años equivaldría a 204.000 años. La cantidad de datos que se bajaron del Inter-

---

* http://de.statista.com/statistik/daten/studie/155052/umfrage/versendete-sms-in-deutschland -seit-2000/
** http://de.statista.com/statistik/daten/studie/258398/umfrage/prognose-der-instant-messaging-nachrichten-vs-sms-weltweit/
*** Bundesnetzagentur Jahresbericht 2012, S. 80; http://www.bundesnetzagentur.de/

net a los dispositivos de telefonía móvil aumentaron, en 2012, a 140 millones de GB * con tendencia creciente.

La cantidad de tiempo que las personas dedican a estos pequeños aparatos, que encontraron su hogar en los bolsillos de sus dueños, creció notablemente. Esto modifica el comportamiento de los seres humanos. En 2012, el periodista Christoph Koch describió este fenómeno en un libro, ilustrando esta alteración. En poco tiempo llegó a ser un bestseller, que no describe otra cosa que la experiencia vivida durante solamente 4 semanas sin usar el Internet o el celular. ** No solamente Koch describió un notable cambio de su comportamiento por el uso intensivo de Internet y celular; muchos otros autores lo confirman. *** Ellos también lamentaban que perdían la capacidad de concentrarse en algo por un tiempo prolongado. Todos coincidían en que su atención estaba más distraída. Un científico constató, que había perdido la capacidad "de tener grandes y profundos pensamientos". **** Pero parece que no solo perdemos la capacidad de concentrarnos en un pensamiento, sino también de comunicarnos sensatamente con otras personas. La observación de un profesor universitario americano lo puede ilustrar muy bien:

> *"Al finalizar mis cátedras, los estudiantes enseguida tomaban sus celulares, se fijaban en las llamadas y mensajitos que habían entrado. En la cafetería podía observar a los estudiantes que hacían cola y escribían sus mensajitos, sin fijarse en sus compañeros de estudio, parados a medio metro de distancia. Una tarde observé a 6 estudiantes que caminaban por el pasillo de un extremo al otro mientras hablaban por su celular, evitando chocarse, como los barcos en*

---

* Bundesnetzagentur Jahresbericht 2012, S. 78, http://www.bundesnetzagentur.de/
** Koch 2012
*** Carr 2010; Rühle 2010; Powers 2011; Brockmann 2011
**** Kedrosky 2011, S. 91

una cruzada nocturna, perdidos en la niebla de la conversación (...) Una estudiante contaba por e-mail de una "cita por PC" el sábado por lo noche, sin tener que abandonar su habitación. Lo paradójico de esto, que dichos estudiantes eran muy activos socialmente, pero también aislados." *

Estas observaciones son representativas para muchas más: En una escuela están invitados los padres para un encuentro vespertino. Mientras los niños demostraban con alegría sus nuevos conocimientos a sus padres, unos 6 ó 7 papás estaban ocupados con sus smartphones. Estos papás están físicamente presentes, pero anímicamente ausentes. La tecnología de la telefonía móvil nos induce a una *"presencia ausente"*.

En los años 90 del siglo XX, la publicidad de la industria de telefonía móvil nos prometió una "comunicación sin límites". Hoy día, realmente cualquier persona puede hablar por teléfono con cualquier otra persona, a cualquier hora del día o la noche, en cualquier lugar del mundo. La otra cara de este fabuloso logro tecnológico es el hecho, de que gracias a este éxito la comunicación real en el aquí y ahora está retrocediendo. Quien observa cuidadosamente, puede ver que la conversación humana, de cara a cara, va disminuyendo, favoreciendo la comunicación a través de la red. Desde que la telefonía móvil y el Internet se expandieron por completo en la vida diaria, se puede observar esta erosión de la palabra directa entre personas, en favor del contacto virtual. **

3.11.2 ¿Qué se puede hacer?

No se trata de sacar otra vez la internet y los celulares, sino solamente de llamar la atención acerca de algunos aspectos

---

* Provine 2011, S. 242
** Turkle 2012; Kühne 2012

críticos, para que se puedan hacer contrapesos individuales. Debemos aprender a enfrentar con serenidad y paz interior el día a día con radio, televisión, Internet, celular, etc. que nos tienen dominados. No hay que abstenerse de las ventajas de la tecnología de comunicación, pero se pueden dar algunas recomendaciones importantes para su manejo idóneo:

- Determinar horas libres de Internet y celular. Por lo menos un día de la semana debería estar libre de pantallas y redes. En las familias con niños podría reinar el lema: "¡Los domingos, mamá y papá me pertenecen!"
- Instalar en la casa o el departamento, habitaciones sin tecnología. Por lo menos el dormitorio debería estar libre de TV, PC, teléfono, celular, etc.
- Durante las comidas compartidas, los aparatos deberían estar apagados.
- Cuidar que las conversaciones no sean interrumpidas por el sonido del propio smartphone, o incluso por una llamada que se atiende entremedio. También se le puede advertir amablemente a otras personas que no nos parece bien que la conversación sea interrumpida por una llamada.
- Los e-mails son prácticos pero pueden llegar a ser una gran fuente de distracción. Por eso: No comenzar el día laboral abriendo los mails, sino con los *propios* planes de trabajo. Recién cuando las tareas importantes estén hechas, abrir y contestar los mail.
- No revisar constantemente la cuenta de los e-mails, sino solo en horarios que uno mismo establece.
- Si uno suele perder la noción del tiempo estando en la red, ponerse un despertador.

Un experto en comunicaciones, el americano Howard Rheingold, señala que los medios digitales y las redes sociales solo pueden ser utilizados sensatamente, si uno mismo desarrolla determinadas capacidades. A éstas pertenece, en primer lugar, la capacidad básica de la atención. La ejercitación de la atención supone una disciplina mental que permite utilizar los "instrumentos digitales del pensar", sin perder la concentración. * Esta disciplina espiritual solo se puede ejercitar en momentos y ambientes sin medios de comunicación. Una actividad concentrada y continua de meditación es una buena posibilidad para ejercitar una disciplina interior. Y esta disciplina también tendrá su efecto en lo social de nuestra vida cotidiana.

La tiranía de la campanilla, ejercida ya por el timbre del viejo teléfono de línea, se hizo omnipresente con el aparato móvil. Qué agradecidos estamos cuando el otro no le presta atención al sonido o, incluso, lo apaga. Está diciendo sin palabras: La conversación contigo es más importante en este momento. El dirigirse a una voz virtual del aparato es, para muchas personas, más importante que la dedicación hacia personas cercanas en ese lugar y ese momento.

La cultura de la comunicación tecnológica exige que nuestro prójimo sea, literalmente, el más importante.

El uso irreflexivo del teléfono nos conduce a desatender a nuestro prójimo, a favor del aparato, y contribuye a una erosión de la comunicación real.

3.12 Peligros político-sociales
El control total

El equipamiento de los hombres con dispositivos de telefonía móvil, que cubre todo el país, presupone que la red distribuidora de cada aparato sepa dónde éste se encuentra en cada

---

* Rheingold 2011, S. 202ff

momento. Por eso la tecnología de la telefonía móvil está estructurada de tal manera que las estaciones base necesitan disponer de las informaciones para localizar el respectivo dispositivo móvil. El alcance de los distintos emisores es limitado, por eso es necesario asegurar el continuo contacto telefónico del aparato móvil con la estación base más cercana.

Para garantizar esto, todo el país está cubierto por una red celular cuyas células se encuentran en un constante intercambio. En zonas poco urbanizadas, las células radiotelefónicas abarcan una gran superficie, mientras que en zonas de gran concentración de la población, solo abarcan pequeñas áreas.

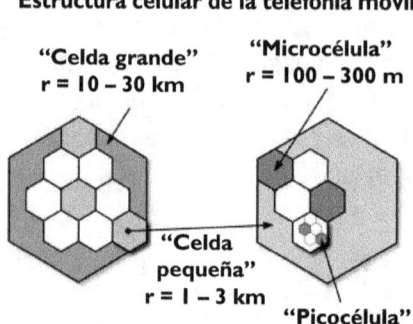

Estructura celular de la telefonía móvil

"Celda grande" r = 10 – 30 km
"Microcélula" r = 100 – 300 m
"Celda pequeña" r = 1 – 3 km
"Picocélula" por ej. DECT r = 20 – 100 m
(Dibujo: Andrea Proffitt-Sitter)

Cada dispositivo móvil encendido – también cuando no se habla por teléfono – toma automáticamente contacto con la estación base más próxima. En el chip colocado por ejemplo en el celular, están almacenados los datos de conexión por que puede ser identificado con certeza. Cuando el celular se mueve de una célula a otra, la estación base más cercana en ese momento comunica el nuevo paradero al registro de domicilio, para que éste transmita una eventual llamada a la estación base del paradero actual.

Con el celular encendido, en cada momento se verifica automáticamente el paradero actual de su dueño. Esta localización ya se puede determinar con una exactitud de pocos metros.*

---

* http://www.elektronik-kompendium.de/sites/kom/1201061.htm

Con la ayuda de estos datos, es posible confeccionar un perfil constante de los movimientos de cada dueño de un celular, siempre y cuando lleve consigo el aparato. Este perfil de movimientos es muy individual. Actualmente está tan desarrollado, que con solo 4 datos de localidad se puede filtrar con gran acierto al respectivo portador del aparato entre otros millones de usuarios. * En 2013 se supo de la vigilancia a nivel mundial de las conexiones privadas por parte de los servicios secretos norteamericanos, lo que demuestra, que hoy día es una tarea de rutina para las autoridades interceptar y controlar la comunicación de datos de los aparatos fijos y móviles. Dado que se efectúan cada vez más funciones de la actividad diaria – como por ejemplo pagar sus compras – a través del aparato de telefonía móvil, se hace más fácil técnicamente el control, y la posibilidad de manejar un gran número de la población. Aquí se asoman las técnicas de trabajo de una dictadura, que sobrepasa todo lo que conocemos a través de la historia.

Desde este punto de vista es muy importante pensar también cuánto de nuestra vida diaria queremos confiar a este pequeño dispositivo multiuso en nuestro bolsillo, pues la protección de datos y la vida privada, de hecho, ya no existen.

Con los aparatos de telefonía móvil no es el hombre quien adquirió movilidad, sino el Internet. Y a través de esta movilidad tienen acceso continuo a nuestra vida diaria no solo los servicios secretos sino también las grandes empresas multinacionales de la industria que llevamos en la conciencia, como por ejemplo Google o Facebook. Con toda razón, observadores como Frank Schirrmacher señalan que aquí

"se trata de las empresas más grandes de la industria consciente que jamás existió (...) Son sistemas que pueden leer

---

* http://www.spiegel.de/netzwelt/web/mobilfunkspuren-lassen-sich-leicht-menschen-zuordnen-a-891850.html

nuestros pensamientos, y según ellos dicen, también lo quieren hacer; esto hay que tenerlo en claro." *

La expansión desenfrenada de la telefonía móvil sin contrapesos para equilibrarlo, que proviene de individuos que actúan conscientemente, amenaza nuestra libertad y capacidad de comunicarnos. Además de los riesgos de salud, esto hoy día lo debería saber toda persona actualizada.

No hace falta mucha fantasía para imaginarse que un sistema así, utilizado para el control de personas, representa un requisito ideal para las pesquisas policiales. Esto no se puede objetar si realmente se trata de verdaderos criminales. La situación se pone peligrosa, cuando del lado de la escucha están los criminales, como fue en los regimenes totalitarios, y como lo sigue siendo.

No podemos escapar del control todo abarcante, excepto si renunciamos al uso de toda la tecnología moderna de comunicación – y también en ese caso nos captan las numerosas cámaras de vigilancia, cuando simplemente hacemos una compra.

Lo que sí se puede evitar, es divulgar sin necesidad demasiados archivos particulares en Internet. La primera regla sería: no ingresar datos personales de manera irreflexiva en cualquier sitio de Internet.

Todo aquel que está fuera de la casa con su smartphone, normalmente tiene instalados una serie de aplicaciones prácticas, los llamados Apps. Pero muchos de estos diferentes Apps, cuando se utilizan, transmiten espontáneamente archivos personales al Internet. Por eso habría que informarse bien antes de instalarlos, a qué funciones y datos tiene acceso el respectivo App, y en caso de dudas, renunciar al servicio "útil". En todos los casos se debería verificar bien los derechos de acceso de las aplicaciones y anular derechos innecesarios.

---

* Cita de Thiede 2012, S. 173

De todas maneras, hay que tener en claro que las conexiones inalámbricas con el Internet siempre son propensas a acciones de escucha por grupos "oficiales" o criminales.* Partiendo de las consideraciones tecnológicas de vigilancia, también podríamos pensar en un momento de tranquilidad, si realmente es necesario tener el aparato constantemente prendido, o si no sería mejor conectarlo solo a determinadas horas.

3.13 CREAR CONTRAPESOS NIVELADORES
3.13.1 Plasmar activamente el futuro

Nuestra situación actual exige que nos despertemos. Debemos tener un interés activo por los nuevos desarrollos tecnológicos, e informarnos cómo se imaginan el futuro de nuestro mundo los emprendimientos industriales y los científicos de relieve del desarrollo tecnológico.

Tendremos que interesarnos también por los conceptos de los políticos en cuanto a nuestra "seguridad". Esto también significa tener sus propias ideas y no confiar ciegamente, por comodidad, en la aparente información de los medios. Para las informaciones necesitamos hoy día hacer averiguaciones activamente. "Mythos Mobilfunk" (el mito telefonía móvil) es el título de un libro muy recomendable del teólogo Werner Thiede, donde dice que este mito debe ser indagado en todos los niveles de la vida. **

Cualquiera de nosotros puede cuestionar lo siguiente: ¿cómo me imagino el futuro en el que quisiera vivir? ¿Es el mismo futuro que el planeado por los distintos sectores tecnológicos? ¿Mi idea del futuro se está realizando por los políticos?

---

* Informaciones detalladas para medidas de seguridad personales pueden verse, por ej. en: Heuer/Tranberg 2013; Petrowski 2013; Hellwig 2014
** Thiede 2013

¿Y si no? – Entonces habría que ponerse en movimiento. El tipo de iniciativa, a nivel privado o en el marco de una iniciativa popular, dependerá totalmente de la libertad de cada uno.

3.13.2 ¿Qué más se puede hacer?

No se puede eliminar la telefonía móvil. La mayoría de las personas llevan hoy su celular o smartphone consigo – incluso algunos enemigos activos de la telefonía móvil. Mientras que esté en auge el negocio de las comunicaciones de la telefonía móvil, no cambiará nada en la amplificación de las estaciones de transmisión y sus servicios. No podemos parar el curso de la historia, la telefonía móvil quedará como una parte de nuestro entorno.

Lo que se puede hacer, sin embargo, es insistir en que se realicen investigaciones y desarrollos tecnológicos que puedan reducir notablemente la intensidad de los campos necesarios. La política debe establecer valores límites claramente inferiores. Para lograrlo, es importante participar o hacerse miembro de una iniciativa, como por ejemplo "Diagnose-Funk" (véase en direcciones de Internet).

No solo las radiaciones de las antenas de la telefonía móvil son perjudiciales para la salud; se suman muchas otras cargas. Luego de varios centenares de tests a flor de tierra de la bomba atómica desde 1945, luego de Chernobyl y Fukushima, lo que perjudica nuestra salud es la radioactividad. Con el aire inhalamos sustancias nocivas que son eliminadas por los autos, aviones y la industria química. El plástico que utilizamos en nuestra casa, libera vapores nocivos para la salud. Algunas cosas que comemos, en realidad nos enferman: comidas chatarra con mucha grasa, colorantes artificiales, resaltadores del sabor, etc. Aún no está claro, qué riesgos implican los productos alimenticios modificados genéticamente, que nos quieren imponer siempre de nuevo.

Es necesario oponerse activamente a la propagación ilimitada de la tecnología de telefonía móvil, cuyas consecuencias sanitarias no han sido estudiadas suficientemente. De todas maneras, hoy día ya no es suficiente eliminar las causas enfermantes en el medio ambiente para mantenerse sano. ¿Dónde encuentro la fuente de la salud? ¿Dónde en mi interior puedo hallar y cultivar las fuerzas que fortalecen mi salud y que puedan generar en mí la capacidad de resistencia contra las influencias enfermantes?

3.13.3 El devenir de la salud – la salutogénesis

Esta pregunta fue seguida por el sociólogo médico americano-israelí Aaron Antonovsky (1923-1994). Fue él quien desarrolló el concepto de la salutogénesis.* La salutogénesis es lo contrario de la patogénesis,** que estudia el origen y el tratamiento de las enfermedades. La salutogénesis se interesa por el origen y la conservación de la salud. Para el enfoque de la salutogénesis, la enfermedad es un hecho que demuestra que el organismo no puede seguir manteniendo el orden inmanente. La salutogénesis pregunta, cuáles son las fuerzas y reservas del organismo para seguir manteniendo su orden contra las tendencias desintegradoras. Este enfoque tiene que considerar al ser humano como una persona entera, con su biografía completa y su entorno personal. Esto revela, que la disposición anímica básica juega un rol central. De esta actitud fundamental hacia la vida depende, si algunos factores enfermantes– como hambre, guerra, malas condiciones higiénicas, etc. –ejercen una mayor o menor influencia en el estado de salud de una persona. Esta actitud anímica fundamental en el interior de cada ser humano,

---

* La palabra salutogénesis se compone del término latín "salus, Gen. Salutis" = salud, y de la palabra griega "génesis" = creación, nacimiento.
** "pathos" significa en griego: desgracia, sufrimiento

es la que le permite, en mayor o menor medida, movilizar reservas existentes para el mantenimiento de la salud, y para desarrollar fuerzas de resistencia contra las influencias nocivas. Esta disposición anímica fundamental es denominada por Antonovsky :"sensación de coherencia". Esta sensación describe la actitud esencial del ser humano para vivenciar el mundo como lleno de sentido y coherente.

La sensación de coherencia es el sentimiento de encontrar en todo lo existente una relación en la que el individuo mismo pueda incorporarse. La sensación de coherencia es el sentimiento de la seguridad esencial, la que mantiene unida interiormente al hombre, de modo que tenga la sensación de encontrar apoyo y sostén también en su entorno. La sensación de coherencia posee varias raíces. Antonovsky nombra tres componentes en los que se basa esta sensación. *

El primer componente es la **capacidad de entender**. La misma describe la capacidad del ser humano para ordenar mentalmente sus experiencias en un contexto mayor.

"Mi mundo es comprensible, concordante, ordenado; también los problemas y las cargas que soporto las puedo entender en un contexto mayor." **

El segundo componente es el sentimiento del **sentido** o la **importancia**. Es *"la medida en la que uno siente la vida como emocionalmente importante: Que por lo menos algunos de los problemas y exigencias de la vida valgan la pena para que uno invierta su energía en ellos, para involucrarse y comprometerse, y que se entiendan como desafíos bienvenidos y no como cargas de las cuales uno quiere liberarse."* ***

---

* Schiffer habla también del sentido de la coherencia, que es un concepto del mundo que va acompañado del sentimiento de coherencia y ligado a la actividad de las ideas.
** Schiffer 2001, S. 29
*** Antonovsky 1997, S. 36

El tercer componente tiene que ver con el nivel de acción del hombre: la sensación de poder **manejar** o **dominar** algo. Este elemento significa la confianza en las propias capacidades, *"que se posean los medios adecuados para enfrentarse a las exigencias."* * Esto no significa, precisamente, que uno pueda lograr todo por sí mismo. Esta sensación de manejabilidad también incluye la fe en un poder supremo o en otras personas que pueden ayudar en la tarea planteada. Una persona que cuenta con una marcada sensación de coherencia, puede reaccionar de modo flexible ante los nuevos desafíos. Para cada situación puede activar las fuentes de recursos adecuados. En cambio, una persona que solo posee un débil sentido de coherencia, tenderá a reaccionar en forma rígida e inflexible, dado que sus fuentes de recursos para afrontar las exigencias son menores.

"El sentido de coherencia decidirá, entonces, si consideramos las cargas externas como estrés amenazante, como cargosas, cansadoras, innecesarias y fastidiosas, o al contrario, como un desafío que creemos poder soportar o superar – sin ser infiel a nosotros mismos. Es posible, incluso, que nos llegue a gustar ese desafío". **

Vemos entonces, que en el concepto de la salutogénesis no se trata de evitar las cargas, el estrés, etc., sino de fortalecer las propias energías para enfrentarse a lo desconocido, al conflicto, al desafío extraordinario. Los riesgos se aceptan como una posibilidad para acrecentar las propias fuerzas. Esta disposición anímica fundamental se refleja en una salud física fortalecida.

Si nos preguntamos, cómo mantener la propia salud, no podemos simplemente "estar en contra de algo", sino que tenemos el deber de fortalecer y cuidar las propias fuerzas anímicas, pues aquí descansan buenas fuentes de salud. Es importante proceder

---

* Antonovsky 1997, S. 35
** Schiffer 2001, S. 30

contra la desenfrenada propagación de la telefonía móvil. Pero igual de importante es la necesidad de buscar en el propio modo de vivir los riesgos de salud autoprovocados y evitarlos, y ante todo despejar activamente las fuentes de la propia salud. Estas fuentes se hallan en nuestra postura hacia la vida. Aquí se puede hacer algo enseguida y cambiarlo positivamente.*

Si podemos aceptar que el ser humano posee también una vida mental-espiritual, que no comprende solo las relaciones sociales con sus prójimos, sino que se encuentra en una continua conexión con un mundo anímico-espiritual, entonces aparece otro aspecto más.

3.14 EL HOMBRE ENTRE LA NATURALEZA Y LA TECNOLOGÍA

Nosotros, los hombres, ya no logramos seguir los pasos del desarrollo tecnológico, nos sobreexige cada vez mas y nos enferma. Desde los tiempos primitivos, el ser humano fue un "ser de la naturaleza". Su vida diaria, sus actividades, sus sentimientos y pensamientos estaban íntimamente ligados a la naturaleza circundante. Durante mucho tiempo la humanidad vivió, mayormente, en una relación armoniosa con la naturaleza.

Con el acelerado desarrollo tecnológico, esto fue cambiando cada vez más. La tecnología es una creación nueva de la conciencia racional del hombre. Ella depende del desarrollo de la conciencia humana, pues los aparatos tecnológicos recién pueden ser ideados cuando el hombre interiormente ya se alejó de la naturaleza, y la considera como algo ajeno a él. Aquel que tenga una sensibilidad para la esencia de la tecnología, notará que ésta es, en su núcleo, destructiva y adversa

---

* Véase también: Glöckler 2002, S. 11

a la vida. Por tal razón, solo se le puede imponer a la naturaleza una determinada dimensión de tecnología para no destruir sus fuerzas vitales de manera irreversible. Esto significa, a su vez, que la humanidad perderá el fundamento de su existencia. En tiempos pasados, nadie habría necesitado una protección de la naturaleza o del medio ambiente. No había que proteger la naturaleza de la tecnología, pues hasta hace 200 años atrás no existía la tecnología en sus actuales proporciones.

Gracias a este nuevo mundo de la tecnología creado por el hombre, se lograron cosas extraordinarias. Donde antes trabajaba una población entera cultivando sus tierras, hoy alcanza una sola persona que maneja su máquina, atravesando el campo y haciendo el mismo trabajo mucho más rápido y eficiente. Cuando antes un viaje duraba semanas, hoy recorremos esa distancia en auto, tren o avión en pocas horas.

¿Por qué la tecnología es tan dañina para la naturaleza y para el hombre?

Observemos la naturaleza: ella produce un sinnúmero de organismos que, al igual que sus órganos internos, se hallan en una relación rítmica armónica. Este obrar rítmico da libertad para el desarrollo. Todos los aspectos de la naturaleza están relacionados coherentemente.

La tecnología no se basa en un pensar viviente sino en un razonamiento muerto y materialista. Éste puede desarrollar máquinas con distintas tareas. La máquina, por su lado, está compuesta de módulos, que deben estar sintonizados entre ellos según principios rígidos y un pulso estricto. Esto le confiere un carácter de coacción a la máquina, todo es funcional.

Tal como la naturaleza no se rige por un ciclo forzado, tampoco puede existir el ritmo y la libertad en la maquinaria. Cuanto con mayor precisión y ninguna tolerancia se confeccione un instrumento técnico, tanto mejor funcionará. Este antagonismo se puede ver en una tabla:

SER HUMANO	
Tecnología	Naturaleza
Máquina	Organismo
Módulo	Órganos
Pulso	Ritmo
Función	Armonía
Coerción	Libertad
Finalidad	Sentido

El deber del hombre, como creador de la tecnología como tal, es el de actuar como mediador entre la tecnología y la naturaleza, de la cual él mismo surgió. El ser humano debe estar en el centro. De este modo sería posible que la tecnología sea útil al hombre y que esté en armonía con la naturaleza. Sin embargo, el hombre se hizo adicto a la tecnología. Hace tiempo que cruzó el límite donde aún era el dueño de la máquina. Hoy nosotros servimos a la tecnología, nos tiene fascinados. Ella determina la velocidad y el curso de la vida. Todo se mide con la máquina: la velocidad y la eficacia. Son los criterios determinantes. Es así, que el vertiginoso desarrollo de la tecnología llevó a la cultura de occidente a perder sus raíces para comprender el mundo desde la conciencia espiritual, favoreciendo un concepto materialista tecnócrata de nuestra tierra, dado que el razonar de la máquina y el materialismo provienen de la misma fuente.

El peligro para el hombre occidental "moderno" consiste en dejarse atrapar cada vez más por la tecnología. Esta captura es amplia e incluye todo su ser, su cuerpo, sus fuerzas vitales, su alma y su Yo espiritual. De este apresamiento tiene que liberarse. Esto solo puede lograrlo si desarrolla activamente un equilibrio espiritual.

3.15 DESARROLLO ESPIRITUAL INDIVIDUAL, COMO EXIGENCIA INTERIOR DE LA ERA TECNOLÓGICA

El fundador de la antroposofía, Rudolf Steiner, indicó en muchas de sus conferencias, que el hombre moderno que debe vivir en un mundo tecnológico, necesita formar un contrapeso interior desde sus fuerzas espirituales, si quiere hacer frente a las influencias de la tecnología. Reiteradamente advirtió acerca de los posibles peligros. En el año 1924, por ejemplo, respondiendo a preguntas acerca de la electricidad, Steiner se refirió a un efecto, que, relacionado al electrosmog y la radiación de la telefonía móvil en la actualidad, no se discutió mucho:

"Goethe andaba por el mundo sin corrientes de inducción en su cuerpo. Hoy podemos salir hacia un lugar bien alejado, pero ya no se puede ir tan lejos como para que no nos sigan las líneas eléctricas. Esto induce continuamente correntadas en nosotros. Goethe no se encontraba en semejantes corrientes. Todo esto le quita a la humanidad el cuerpo físico, lo modifica de modo que el alma no puede penetrar. Tenemos que tener bien en claro: En los tiempos en que aún no existían las corrientes eléctricas, cuando el aire todavía no se llenaba del zumbido de las líneas eléctricas, era más fácil existir como ser humano.(...) En aquel entonces no era necesario que las personas se esforzaran tanto para llegar al espíritu. Por ello es importante emplear hoy una capacidad espiritual mucho más intensa que hace cien años, para ser realmente hombre. No se me da por ser reaccionario y decir algo como: ¡Hay que tirar todo ese cachivache, esos logros de la cultura moderna! Esta no es mi intención. Pero el hombre moderno necesita una dedicación directa hacia el espíritu, como lo brinda la antroposofía, para que, a través de esta vivencia fuerte del espíritu sea realmente el más fuerte frente a aquellas fuerzas que aparecen con la cultura moderna, y que endurecen nuestro

cuerpo físico, apoderándose del mismo. En el caso contrario, podría decir que los seres humanos perderán la conexión con el desarrollo de la humanidad." *

Una vida cognoscitiva interior individual, una verdadera vida cultural, requiere en nuestra época actual un gran esfuerzo. Las posibilidades extraordinarias de la tecnología moderna se pueden asentir enteramente, pero se necesita generar un contrapeso, pues esta tecnología implica, al mismo tiempo, la posibilidad de conducir a la humanidad al abismo cultural.

A través de los aparatos tecnológicos, nuestro cuerpo se ve, por un lado, encajonado exteriormente en el curso mecánico de nuestros movimientos, y por el otro, a causa de las radiaciones electromagnéticas relacionadas con esta tecnología, estamos incorporados interior y sustancialmente en los procesos de una naturaleza paralela que es generada artificialmente. Por ello, cada día es más difícil vivenciar las dimensiones espirituales de nuestra vida. Este hecho vital debe ser aceptado en gran medida por el hombre moderno.

Cada individuo necesita agregar un contrapeso, avanzando activamente hacia una vivencia concreta de lo espiritual en el mundo.

El actual desarrollo nos obliga a encontrar nuevamente el sentido y el valor del ser humano, si no queremos perder el sentido, el valor y al hombre mismo. En esencia somos más que meros consumidores. ¿Pero cuál es el sentido de nuestra existencia? Esta pregunta se oculta detrás de todo el avance tecnológico, sin ser pronunciada. La respuesta deberá ser buscada y encontrada por cada uno en forma individual. La investigación de la salutogénesis indica que el hallazgo de esta respuesta individual constituye una fuente de salud.

---

* Steiner: GA 224, S. 108 f

Debemos despertar para los grandes asuntos de la humanidad. Hacia lo social se dirige una exigencia inexpresada del presente, que nuestro prójimo – alejado de nosotros por las tecnologías de comunicación – necesita cobrar más importancia. En cuanto a la salud física, la situación actual exige que nos posicionemos políticamente para afrontar las influencias enfermantes de la tecnología, pero más allá de eso no debemos olvidar que en cada uno de nosotros yacen ocultos fuertes recursos de salud, que esperan ser explorados por nosotros.

Por tal razón, es tan importante para el futuro que aprendamos a pensar de un modo nuevo, que a partir de la experiencia espiritual pueda cristalizarse en los próximos decenios y siglos un nuevo pensar acerca de la naturaleza y del ser humano. Este fue el deseo central de Rudolf Steiner, quien siempre de nuevo señaló que la humanidad necesita desarrollar nuevas formas de la conciencia si quiere sostenerse ante la tecnología. En su última disertación describió esta tarea con las siguientes palabras:

> *"La mayor parte de lo que hoy obra en la cultura por medio de la tecnología, y en lo que el hombre está altamente entramado con su vida, no es naturaleza sino naturaleza inferior. Es un mundo que se emancipa de la naturaleza hacia abajo (...) El ser humano necesita relacionarse con lo netamente terrenal para el desarrollo de su alma consciente. Así fue, que en los últimos tiempos surgió una tendencia del hombre de plasmar en todo su obrar aquello a lo cual necesita adaptarse. Mediante esta adaptación a lo netamente terrenal se encuentra con lo ahrimánico. Con su propio ser tiene que encontrar la relación correcta con lo ahrimánico. Pero hasta hoy, en el transcurso de la era tecnológica, todavía no se le brinda la posibilidad de encontrar la relación correcta también frente a la cultura ahrimánica. El hombre debe hallar la fuerza, el poder cognoscitivo interior para que Ahriman no lo venza en la cultura tecnológica. La naturaleza*

inferior debe ser comprendida como tal. Esto solo se logra, si el hombre en su conocimiento espiritual asciende en la misma medida hacia la naturaleza superior extraterrenal, como descendió a la naturaleza inferior con la tecnología. La época actual necesita un conocimiento que exceda la naturaleza, porque interiormente tiene que lidiar con un contenido de la vida cuyo actuar es peligroso y que descendió por debajo de la naturaleza." [143]

Con la tecnología, los hombres pudieron ampliar enormemente sus posibilidades. En comparación con el desarrollo tecnológico-materialista, la formación de los conocimientos espirituales reales está en sus comienzos. Pero de estos comienzos surgirá en un futuro lejano una nueva tecnología que se incorporará armónicamente a los procesos de la naturaleza.

Actualmente debemos empezar a comprender, que la tecnología del presente no es ni neutral ni inofensiva. Es, en cambio, portadora de un ser que interviene – con efecto duradero – en el desarrollo social del mundo, como puede observarse por ejemplo en el fenómeno de las redes sociales. A la par del desarrollo tecnológico se necesita un desarrollo espiritual que posibilite vivenciar los ámbitos espirituales del mundo. Entonces el hombre podrá mantenerse firme ante la tecnología. Puede minimizar las influencias nocivas y reforzar y ampliar su potencial positivo para la vida humana.

---

* Steiner: GA 026, S. 256f

BIBLIOGRAFÍA

Antonovsky, Aaron (1997): Salutogenese. Zur Entmystifizierung der Gesundheit. Tübingen.

Bischof, Marco (2005): Biophotonen. Das Licht in unseren Zellen. Frankfurt am Main.

Bockemühl, Jochen (Hrsg.) (1977): Erscheinungsformen des Ätherischen. Wege zum Erfahren des Lebendigen in Natur und Mensch. Stuttgart

Brockmann, John (2011): Wie hat das Internet ihr Denken verändert? Die führenden Köpfe unserer Zeit über das digitale Dasein. Frankfurt am Main.

Carr, Nicolas (2010): Wer bin ich, wenn ich online bin...und was macht mein Gehirn solange? Wie das Internet unser Denken verändert. München.

Charter, David (2000): Mobile phone health alert for schools. In: The Times, 27. Juli 2000.

Davidson, Andy (2000): Erfahrungen mit TETRA-Bündelfunk in Großbritannien: Fallbeispiele. In: Tagungsband der 5. EMV-Tagung "Energieversorgung & Mobilfunk" des Berufsverbandes Deutscher Baubiologen VDB e.V. am 22.-23.02-2006 in Stuttgart.

www.baubiologie.net

ECOLOG-Institut (2000): Mobilfunk und Gesundheit. Hannover April 2000. http://www.ecologinstitut.de/fileadmin/user_upload/Publikationen/MOBILFUNK_2000_T-Mobil_incl_E.pdf

Glaser, Wolfgang (2001): Von Handy, Glasfaser und Internet – so funktioniert modern Kommunikation. Braunschweig, Wiesbaden.

Glöckler, Michaela (2002): Salutogenese. Wo liegen die Quellen der Gesundheit? Bad Liebenzell.

Goethe, Johann Wolfgang von (1987): Zahme Xenien III. In: Goethe, J.W.v.: Goethes Werke. Weimarer Ausgabe, Bd. 3. München.

Grasberger, Thomas; Kotteder, Franz (2003): Mobilfunk. Ein Freilandversuch am Menschen. München.

Hellwig, Martin (2014): Safe Surfer. 52 Tipps zum Schutz Ihrer Privatsphäre im digitalen Zeitalter. Berlin.

Heuer, Steffan; Tranberg, Pernille (2013): Mich kriegt ihr nicht" Gebrauchsanweisung zur digitalen Selbstverteidigung. Hamburg.

Husemann, Friedrich (Begr.) (1991): Das Bild des Menschen als Grundlage der Heilkunst. Entwurf einer geisteswissenschaftlich orientierten Medizin. Neu hrsg. und bearb. Von Otto Wolff. Stuttgart.

Kaucher, Edgar (1995): Medizinwissenschaft im Umbruch. Institut für angewandte Mathematik der Universität Karlsruhe. Jetzt Archiv des Verfassers

Kedrosky, Paul (2011): Der große Informationsspeicherring, GTG und Ferien von der Schwerkraft am Dienstag. In: Brockmann, John: Wie hat das Internet ihr Denken verändert? Die führenden Köpfe unserer Zeit über das digitale Dasein. Frankfurt am Main, S. 90-92

Koch, Christoph (2012): Ich bin dann mal offline: Ein Selbstversuch. Leben ohne Internet und Handy. München.

Kühne, Franziska (2012): Keine E-Mail für Dich. Warum wir trotz Facebook & Co. vereinsamen. Aus dem Alltag einer Therapeutin. Köln

Lakhani, Nina (2012): A close call: Why the jury is still out on mobile phones: In: The Independent, 24. April 2012.

Löscher, Wolfgang; Käs, Günter (1998): Auffällige Verhaltensstörungen bei Rindern im Bereich von Sendeanlagen. In: Prakt. Tierarzt 79; S. 5, 437-444 (1998).

Maes, Wolfgang (2005): Geldrollenbildung im Blut durch Handystrahlung. In: Wohnung + Gesundheit, Heft 115, 2005

Maes, Wolfgang (2005): Stress durch Strom und Strahlung. Neubeuern.

Novalis (1999): Hymnen an die Nacht. In: Novalis: Werke in einem Band. München, Wien.

Petrowski, Thorsten (2013): Sicherheit im Internet für alle. Rottenburg.

Plotin: Die Enneaden, Bd. 1 (I, 6, 9). Berlin 1878. http://www.zeno.org/nid/20009262822

Popp, Fritz-A, (1984): Baubiologie des Lichts. Grundlagen der ultraschwachen Zellstrahlung. Berlin, Hamburg.

Powers, William (2011): Einfach abschalten: Gut leven in der digitalen Welt. München.

Provine, Robert R. (2011): Internetgesellschaft. In: Brockman, John: Wie hat das Internet ihr Denken verändert? Die führenden Köpfe unserer Zeit über das digitale Dasein. Frankfurt am Main, S. 242-245.

Rheingold, Howard (2011): Aufmerksamkeit, Erkennen von Unsinn und Netz-Bewusstsein. In: Brockman, John: Wie hat das Internet ihr Denken verändert? Die führenden Köpfe unserer Zeit über das digitale Dasein. Frankfurt am Main. S. 202-206.

Rigos, Alexandra von (1997): Hitzewallungen im Hirn. In: Der Spiegel 20/1997, S. 228

Rühle, Alex (2010): Ohne Netz. Mein halbes Jahr offline. München.

Sauter, Martin (2011): Grundkurs Mobile Kommunikationssysteme: UMTS, HSDPA und LTE, GSM, GPRS und Wireless LAN. Wiesbaden

Scheiner, Hans-Christoph; Scheiner, Ana (2006): Mobilfunk, die verkaufte Gesundheit. Peiting 2006.

Schiffer, Eckhard (2001): Wie Gesundheit entsteht. Salutogenese: Schatzsuche statt Fehlerfahndung. Weinheim und Köln.

Schmidt, Dorian (2010): Lebenskräfte – Bildekräfte. Methodische Grundlagen zur Erforschung des Lebendigen. Einführung in die Bildekräfteforschung. Stuttgart.

Spath, Dieter; Bues, Matthias; Braun, Martin; Stefani, Oliver (2012): LightFusion. http://wiki.iao.fraunhofer.de/index.php/Neue_Ans% C3%A4tze_f%C3%BCr_Licht_und_Display_am_Arbeitsplatz

Stefani, Oliver (2010): LED-Boom: Machen Monitore müde Männer munter? http://blog.iao.fraunhofer.de/led-boom-machen-monitore-mude-manner-munter/

Steiner, Rudolf (GA 004): Die Philosophie der Freiheit. Grundzüge einer modernen Weltanschauung. Seelische Beobachtungsresultate nach naturwissenschaftlicher Methode. Dornach 1973.

Steiner, Rudolf (GA 009): Theosophie. Einführung in übersinnliche Welterkenntnis und Menschenbestimmung. Dornach 1976

Steiner, Rudolf (GA 010): Wie erlangt man Erkenntnisse der höheren Welten? Dornach 2005.

Steiner, Rudolf (GA 013): Geheimwissenschaft im Umriss. Dornach 1989.

Steiner, Rudolf (GA 026): Anthroposophische Leitsätze. Der Erkenntnisweg der Antroposophie. Das Michael-Mysterium. Dornach 1976.

Steiner, Rudolf (GA 224): Die menschliche Seele in ihrem Zusammenhang mit göttlich-geistigen Individualitäten – Die Verinnerlichung der Jahresfeste. Dornach 1992.

Steiner, Rudolf (GA 238): Esoterische Betrachtungen karmischer Zusammenhänge. Vierter Band. Das geistige Leben der Gegenwart im Zusammenhang mit der anthroposophischen Bewegung. Dornach 1981

Steiner, Rudolf (GA 312): Geisteswissenschaft und Medizin. Dornach 1999

Strube, Jürgen (2010): Die Beobachtung des Denkens. Rudolf Steiners "Philosophie der Freiheit" als Weg zur Bildekräfte-Erkenntnis. Dornach.

Strube, Jürgen; Stolz, Peter (2004): Lebensmittel vermitteln Leben – Lebensmittelqulität in erweiterter Sicht. Fulda

Szentpétery, Veronika (2014): Besser als die Sonne. In: Technology Review. Das Magazin für Innovation 10/2014, S. 41-43

Thiede, Werner (2012): Mythos Mobilfunk. Kritik der strahlenden Vernunft. München 2012.

Turkle, Sherry (2012): Verloren unter 100 Freunden. Wie wie in der digitalen Welt seelisch verkümmern. München 2012.

Virnich, Martin H. (2004): Charakteristika von UMTS-Signalen. In: Tagungsband der 3. EMV-Tagung "Energieversorgung & Mobilfunk" des Berufsverbandes Deutscher Baubiologen VDB e.V. am 01.-02.04.2004 in Würzburg. www.baubiologie.net

Virnich, Martin H. (2007): EDGE – Eine neue Variante des GSM-Mobilfunks, Besonderheiten der Signalcharakteristik bei EDGE. In: Tagungsband der 6. EMV-Tagung "Energieversorgung & Mobilfunk" des Berufsverbandes Deutscher Baubiologen VDB e.V. am 23.-24.03.2007 in Fürth. www.baubiologie.net

Virnich, Martin H. (2011): Nach der Frequenzversteigerung 2010: Mit LTE in die 4. Mobilfunkgeneration. In: Tagungsband zum 10. Rheinland-Pfälzisch-Hessischen Mobilfunksymposium des BUND Landesverband Rheinland-Pfalz am 21. Mai 2011 in Mainz.

Vogt-Heeren, Regina (2005): Das DECT-Schnurlostelefon – Die Antennenanlage in den eigenen vier Wänden. In: Tagungsband der Fürther Ärztetagung "Mobilfunk und Gesundheit" am 22. Okt. 2005 inn Fürth

Walke, Bernhard (2000): Mobilfunknetze und ihre Protokolle. Bd. 1 Grundlagen, GMS, UMTS und andere zellulare Mobilfunknetze. Wiesbaden

Wunsch, Alexander (2007): Glühlampenlicht und Gesundheit. Ein medizinisches Plädoyer für gesundes Licht´. In: Licht 11-12/2007. www.lichtbiologie.de/LICHT-Vollversion.pdf

DIRECCIONES DE INTERNET

Nota: **Todas** las direcciones de Internet mencionadas en este libro, fueron revisadas por última vez el 10/12/2014.

Quien busque más información acerca del tema Luz, telefonía móvil y electrosmog, puede encontrarla bajo las siguientes direcciones de Internet:

http://www.gluehbirne.ist.org/ es una página que junto muchos argumentos para seguir usando la lámpara incandescente, y que brinda además muchas informaciones acerca de las lámparas incandescentes, halógenas, LED y de bajo consumo.

http://www.pro-gluehlampe.de/index.html también brinda informaciones interesantes.

http://.www.maes.de/5%20ENERGIESPARLAMPEN/maes.de%20ENERGIESPARLAMPE%20DIE%20DUNKLEN%20SEITEN.PDF Esta publicación reproduce artículos críticos sobre el tema de las lámparas de bajo consumo, de los años 2007 hasta 2013, recopilados y actualizados por Maes.

http://.www.fgf.de/die_fgf/ es la dirección del grupo de investigación "Forschungsgemeinschaft Funk e.V.", con apoyo de los proveedores de la telefonía móvil.

http://.www.diagnose-funk.de también: http://.www.diagnose-funk.ch es la presentación en Internet de "Diagnose-Funk", que es una organización internacional, interdisciplinaria e imparcial del medio ambiente y del consumidor, que se dedica a la protección ante los campos electromagnéticos y las radiaciones.

http://.www.risiko-elektrosmog.de es una página de Internet, privada, no comercial e independiente, creada por el biólogo de la construcción, Reinhard Rückemann, que trae muchos trabajos sobre el tema de electrosmog y la sensibilidad a la electricidad.

http://.www.aerzte-und-mobilfunk.net es la plataforma en Internet de una iniciativa de médicos de toda Alemania, que se ocupa de los efectos sanitarios de los campos electromagnéticos.

http://.www.baubiologie.net/publikationen/fachinformationen.html es una página de Internet de la asociación profesional de biólogos de la construcción, que proveen material sobre investigaciones y publicaciones acerca del tema telefonía móvil.

http://.www.maes.de/ la página web de "Baubiologie Maes – Freie Sachverständige für Baubiologie und Umweltanalytik", con muchos estudios expertos, que pueden bajarse como archivo pdf a la PC personal.

ACERCA DE LOS AUTORES

Dr. Edwin Hübner, docente en una Escuela Waldorf en Francfort del Mena (matemáticas, física y religión). Desde 2001 es también colaborador científico en el Instituto de Pedagogía, y Ecología de los sentidos y los medios (IPSUM) en Stuttgart. Es docente en el seminario pedagógico. Publicó entre otras obras: *"Imaginationen im virtuellen Raum"* (Imaginaciones en el espacio virtual), y *"Individualität und Bildungskunst – Menschwerdung in technischen Räumen"* (Individualidad y arte de la formación – devenir hombre en espacios tecnológicos).

Dr. med. Jens-Hagen Karow, médico académico y naturista. Estudió ingeniería mecánica, se formó en terapias alternativas, y aprobó el estudio de medicina humana. Durante varios años continuó su formación con el médico antroposófico Otto Wolff. Seguidamente estudió varios años con José Martínez en Lanzarote, para investigar la fisiología etérica. Desde 1987 tiene su propio consultorio. Es docente de medicina antroposófica. Dio numerosas conferencias y seminarios en toda Alemania.

www.ingramcontent.com/pod-product-compliance
Lightning Source LLC
Chambersburg PA
CBHW071513220526
45472CB00003B/1006